# 和果子职人技艺全书

〔わがし〕

**极美、好吃**
超过 *1 600* 张精细图解
职人技艺完全掌握

吴蕙菁〔Emily〕 著
李东阳 摄影

河南科学技术出版社
·郑州·

# 和果子是为了心灵的满足而存在

恭喜 Emily 出版新书!

爱和果子,甚至比日本人研究得还要深入,在台湾被公认为"和果子第一人"的 Emily 又出新书了!这次是专门介绍和果子的配方书,让我不禁发自内心为她鼓掌!

Emily 把从过去到现在所创作的和果子重新诠释,全记录公开介绍,真的很可贵!

她总是乐见自己的明天,探索自己的可能性,如此观照自我的人,才能看见自己的全貌。而且,不管什么时候遇见 Emily,她总是开朗积极的模样,我想与 Emily 的和果子相遇的人们,也同样能感受到她的正能量。

和果子一个个虽然很小,却能充分表达制作者的心情,和果子像是变成一种另类的语言向世人传递着心声。和果子职人能通过自己的果子与人对话,吃掉了就会不见的小小和果子,却能一直在人们心中留下美好的回忆,这真是件令人再开心不过的事了!

和果子不再单纯作为甜点而存在,也是为了心灵的满足而存在。

用真心制作和果子正是好吃的秘诀,这样的和果子在这本书中就可以找到。如果可以的话亲手做一做,让对你重要的人尝尝吧!应该会听到"好好吃喔!"的赞美才对。

想象着如此美丽的瞬间而写下这篇真心的推荐!

东京制果学校 校长 狼山诰司

# 和果子的魅力自文化教养中衍生

蕙菁在校两年间，专攻和果子的学习，回台湾后为了推广真正的和果子而努力不懈，听到蕙菁想将多年来推广真正的和果子的心得集结成册，为师我很开心能为此书写推荐。

我想当许多人拿到和果子时，都会为其华丽与唯美而感动。

表现花朵或四季风情的和果子，经常令人悠然神往目不转睛。但是，大部分的人只是被和果子的华丽外表所吸引，能把和果子的内在意蕴也表现在创作上的人其实很少。

在制作一个和果子时，创作者要将果名、色调、造型、香味、口感等整合设计成一个整体，就连食用时的场面也要一并考量。不只注重外观上的美感，也要用心体会人们拿起和果子食用时的心情。

为了在和果子中注入由内而外散发的魅力，制作者本身的磨炼与努力是非常必要的。

从念一个果名所给予人的印象，或从色彩所感受到的情景，到外形可见的创意……可以说，和果子的魅力自文化教养中衍生。

当小小的和果子在手中被美丽地呈现时，有如华丽的表演秀般令人惊艳，和果子虽只是食物，然而对我而言，却是日常生活中"心灵的养分"。

蕙菁在学校期间专攻技术的同时，也在和果子店见习，非但如此，她还参加了日本和果子业界的研讨会与创作比赛，靠自我钻研与孜孜不倦的努力，已经充分领略和果子的本质。

这本书，不仅是一本和果子配方书，而且是一本蕴含了和果子饮食文化的宝典。

东京制果学校 教育部次长 ｜ 羽鸟诚

# 爱恋和果子

和果子之所以动人，是因为它就在我们生活的周遭生发。如果你愿意静下心来感受四季的变化，看看天空的云朵、路边的野花，听听午后的虫鸣鸟叫，闻闻雨后绿草的清新，伸手轻拂微风或拾起一片落叶，为一些看似不起眼却永恒存在的花草树木而感到小确幸，为忘记气温失去调节的身体重新感知冷暖而感动，那么你就更容易领略到和果子的本质。借由和果子，你会去体悟生活中一直被忽略的感受，学着怎么去感动！

学了和果子以后，才让我知道怎么生活，怎么从容地看待变化；教了和果子以后，才让我知道怎么体会他人的感受，怎么对待情绪。放下汲汲营营的心情，泡一杯好茶或喝一杯咖啡，享受片刻的安宁，品尝和果子的细腻甜美，人生夫复何求！

对我而言，从平面设计师到和果子职人的转换，除了体能需要强化外，在精神上的提升是更多的。当平面设计师的时候每天接触的是电脑，看的是屏幕，想的是客人要什么样的设计，会不会又被挑剔……像是被局限在一个个框架当中创作。当和果子职人的时候，就算是想不出新的果子形状时，也乐在其中，因为在决定要做哪一朵花时，从收集信息找照片到去看实物的过程，总是令我兴奋不已！画面一浮现在脑海中就会迫不及待地想把它做出来，做一遍觉得不够好，那么就再多做几遍，但有时候却又能一次到位！创意是稍纵即逝且变化万千的，据说1秒的广告由30格影像连贯而成，而人的意念1秒就高达1600兆次波动，到底我会抓到什么样的画面呢？那充满未知的可能性是不是非常刺激有趣！曾有位观察我许

吴蕙菁

久的长辈说：Emily，你五六年前的作品充其量只能说是美丽，但是你近年来的作品让我感觉到，它是活生生的一朵花，让人目不转睛被吸引了进去，希望你不要停止创作，让我们能继续沉醉在你的和果子当中。听到这样的鼓励，我好感动，也确定自己的坚持是对的，我创作的目的是希望传播美，而创作的品质来自一颗无私的心，因为天赋本来就来自上天，不能独自拥有，只能分享出去。

作品本身就是创作者自身质感的代言人，其实我一直希望躲在自己的作品后面，当一个自在的创意人就好，可惜人在江湖身不由己，想推广自己的作品让更多人知道，就要挺身而出！那么把自己也当成一个作品去呈现吧！希望大家在短短两个小时内，在充满感动与欢喜的氛围中享受我的作品。纵使有些作品大家觉得还不是很理想，但在这个过程中上上下下、忽惊忽喜的情绪波动，与我创作过程非常类似的心情大家也感受到了！每当想起这些我就会嘴角上扬会心一笑……我想这就是我对和果子难分难舍的爱恋吧！

# 目 录
## Contents

Part
1

## 练 切 果 子 类
ねりきりがしるい

和果子职人技艺全书

# 制作和果子工具介绍

工欲善其事，必先利其器。在家制作和果子时可以使用已有的器具，但为了尽量配合做法上的要求，有些工具是必备的，有时还会使用到一些较特殊的工具。

这样配备工具可以提升成功率。

以下为本书中所使用到的工具，可以作为添购的参考和选择。

❶ **模具**：制作羊羹类果子时用来定型凝固的模具。

❷ **半月形模具**：制作羊羹类果子时用来定型凝固的模具。

❸ **框模**：没有底部，不锈钢材质，用来制作液态的需要蒸过才成形的和果子。

❹ **烧印**：和果子专用的烙印用烧铁，多半烙印在馒头类果子上面，亦可特制自家符号图腾等印在和果子上。

❺ **压模**：参考各种叶子、花形制成的模型。

❻ **木模**：落雁干果子所使用的工艺模子。

❼ **四入球形模**：水馒头专用的容器，亦可装其他羹类。

❽ **和果子用包装盒**：上生果子专用的塑胶盒，密封性好，保鲜力强。

❾ **木尺**：用来切羊羹时的量尺，有英寸（编者注：英寸为非法定计量单位，考虑到行业习惯，本书保留。1英寸 ≈ 2.54厘米）和厘米两种单位的。

❿ **上生果子工具组**：职人自制的上生果子专用细工道具，依照个人习惯手势或特殊设计的造型自己研发的道具，是和果子职人的"重要资产"。

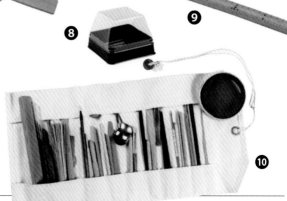

⑪ **单柄锅**：煮少量羊羹或糖水时使用。

⑫ **耐热玻璃碗**：用于微波炉加热，称料、搅拌时也常使用。

⑬ **蒸锅**：可蒸少量蒸果子的双层蒸锅。

⑭ **研磨钵**：研磨山药泥或黑、白芝麻时使用的研磨器。

⑮ **平底锅**：可替代电烤盘煎铜锣烧或是干炒黄豆粉时用。

⑯ **钢盆**：不锈钢材质，有各种尺寸，搅拌时使用非常方便。

⑰ **铜锅**：熬馅、煮麻糬（编者注：由糯米粉制成的有弹性和黏性的饼团，台湾地区习称麻糬。）时使用，受热温度均匀的铜锅不易焦黑。

⑱ **电烤盘**：用于煎制铜锣烧、樱饼等果子，插电式可温控铁盘非常实用。

⑲ **筛网**：不锈钢材质，用于一般粉类或糖粉的过筛。

⑳ **滤茶勺**：用于过滤容易结块氧化的粉末，如抹茶粉，或是在想均匀撒上糖粉或黄豆粉时使用。

㉑ **网架**：用于刚做好的烤箱类果子或是烧果子类的散热。

㉒ **金团筛网**：有各种网眼规格的，用于挤压出粗细不同的条状练切。

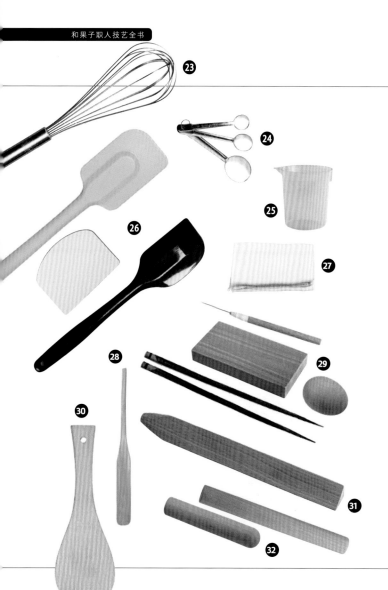

23 **打蛋器（搅拌器）**：打蛋或是拌匀面糊时使用的器具。

24 **量匙**：舀取少量粉类时，利用量匙比较快，也比较准确。

25 **量杯**：盛水用的容器，刻度明显的比较好用。

26 **橡皮刮刀、塑胶刮板**：用途广泛的工具。

27 **棉质纱布**：在茶巾果子或上生果子上抓出细腻皱褶时使用。

28 **拌馅棒**：挖馅、包馅或涂抹时使用。

29 **木筷、木板、插针、木形蛋**：练切上生果子的用具。

30 **木勺**：煮馅用木勺搅拌，不容易把豆子弄破，有不同大小尺寸的木勺。

31 **三角棒**：上生果子用具，各部位各有其作用，尖端可制作菊花的花蕊。

32 **擀面杖**：擀平面皮或磨山药泥用的木棍，依用途分各种尺寸。

33 **剪菊刀**：剪菊专用的剪刀。

34 **毛刷**：用于刷掉和果子上多余的粉末，山羊毛材质的比较好。

35 **铜锣烧勺**：煎铜锣烧时专用的汤勺，弧度较浅的比较好用。

36 **圆汤勺**：用在入模时孔洞较小的地方。

37 **温度计**：熬煮羊羹或糖霜需要量温度时使用。

38 **中式片刀**：多用于切羊羹用。

39 **平铲（铲刀）**：练切馅染色时辅助用，或用于铲起粘在桌上的豆沙等。

# 制作和果子材料介绍

制作和果子，材料是关键，
内馅、粉类和糖等的品质好坏会影响和果子的口感，
以下为本书中所使用到的材料，可作为选购的参考。

## [ 米制粉类 ]

❶ **糯米粉**：糯米洗净干燥后再研磨成粉末。常用于麻糬或丸子。

❷ **上新粉**：白米洗净沥干再研磨过筛，通过干燥程序制成粉末。常用于蒸果子或是外郎果子。

❸ **寒梅粉**：又称味甚粉。糯米蒸熟后制成麻糬，延展烘烤成白色薄片，再研磨成粉末。常用于干果子。

❹ **糯米纸粉**：又名威化粉，糯米粉加水成浆后，将薄浆干煎后粉碎而成。

❺ **白玉粉**：将糯米磨成粉末后浸水取得的淀粉。常用于丸子和求肥类果子。

❻ **道明寺粉**：糯米洗净后蒸熟，再将糯米饭干燥后磨碎而成。

## [ 淀粉 ]

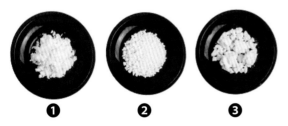

❶**片栗粉**：为马铃薯淀粉，通常当作手粉，避免麻糬粘手。

❷ **蕨饼粉**：由蕨类根部萃取的淀粉，黏性较高，可直接制成蕨饼麻糬。

❸ **葛粉**：从葛根中萃取的淀粉，以日本奈良产的吉野葛粉最为出名，适用于夏天的和果子。

## [ 小麦面粉 ]

**低筋面粉**：低筋、黏性小的面粉，适用于烧果子或蒸果子类。

[ 调和粉 ]

❶ **水馒头粉**：葛粉与寒天混合调制而成的粉，口感滑顺又方便制作。

❷ **水信玄饼寒天粉**：寒天加豆菜类胶质混合调制而成的粉，可轻松做出晶莹剔透的信玄饼。

[ 植物研磨粉 ]

❶ **山药粉**：山药直接干燥研磨成粉，加水即可还原成生山药泥，用于制作山药馒头。

❷ **抹茶粉**：用茶叶的嫩叶精细研磨而成，品牌种类繁多，由于是用鲜叶直接制作，务必选择农药残留少的。

❸ **艾草粉**：艾草叶干燥后磨成的粉末，用于草饼等麻糬类。

❹ **黄豆粉**：烘过的黄豆研磨成的粉末，营养价值高，常作为蕨饼和荻饼的蘸料粉。

❺ **白豆沙粉**（图中已加水和白砂糖）：白豆煮熟去皮后干燥而磨成的粉末，只加水和白砂糖就成为无油白豆沙。

❻ **红豆沙粉**（图中已加水和白砂糖）：红豆煮熟去皮后干燥而磨成的粉末，只加水和白砂糖就成为无油红豆沙。

❼ **黑芝麻粉**：将黑芝麻焙干后研磨成粉，可用于增加荻饼的风味。

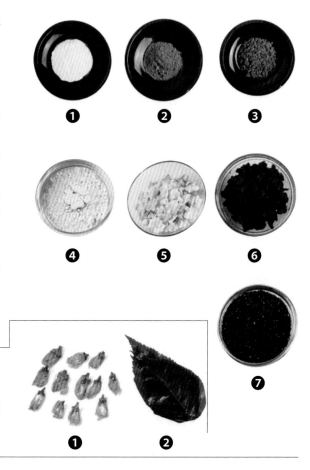

[ 盐渍类 ]

❶ **盐渍樱花**：盐渍过的樱花花苞，常用于装饰。

❷ **盐渍樱花叶**：盐渍过的樱花叶，可存放时间比较久，常用于樱饼。

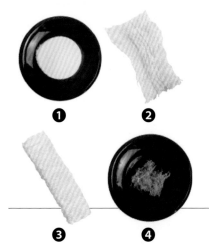

[ 寒天海藻类 ]

❶ **寒天粉**：将洋菜类、海藻类熬煮，去掉杂质凝固后研磨成粉，即用即煮很方便。

❷ **寒天丝**：将洋菜类、海藻类熬煮，去掉杂质凝固成丝。常用于凉拌料理。

❸ **寒天棒**：将洋菜类、海藻类熬煮，去掉杂质凝固成条。使用前需要浸泡一晚。

❹ **天草**：就是石花菜，是红藻的一种，藻体棕红色或紫红色。口感爽脆可凉拌，也可熬制成胶状。使用时洗净后以开水浸泡。

## [ 砂糖类 ]

❶ **微粒子精制砂糖**：由甘蔗原糖、甜菜原糖精制研磨而成，适用于透明度高的羹类。

❷ **海藻糖**：海藻糖作为一种天然的糖类，从黑麦的麦角菌中提炼而成，在诸多领域中用途广泛。不仅有助于果子保湿保鲜，而且可替代高热量的蔗糖，降低糕点整体的甜度（海藻糖的甜度为砂糖的 45%），尤其适合糖尿病患者食用。

❸ **上白糖**：就是一般砂糖，甜度高易溶于水。

❹ **糖粉**：研磨得比上白糖更细腻的粉末糖，纯度高容易结块。

❺ **和三盆糖**：采用日本特有工艺熬制提炼而成，粒很细，湿度高，化口性强，常用于干果子。

❻ **八重山本黑糖**：产于日本冲绳县南部岛屿，是香气与浓纯度极高的黑糖，是上佳的黑糖蜜材料。

❼ **水麦芽（水饴）**：以谷类或植物根茎类的淀粉为原料，糖化后呈透明状，可增加和果子的光泽、丰富和果子的口感。

## [ 新鲜食材 ]

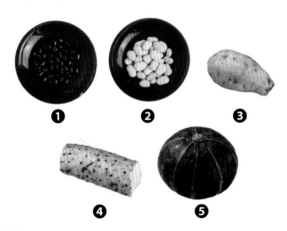

❶ **红豆**：和果子不可或缺的主角，以新鲜、色泽光亮为选择重点。

❷ **白豆**：台湾为白凤豆，市面上比较少见，是练切的主要材料。

❸ **甘薯**：黄肉的台农 57 号纤维较短，适合当内馅或羊羹。

❹ **牛蒡**：煮软切成条状蜜渍之后，作为花瓣饼的主要材料。

❺ **栗子南瓜**：蒸熟压成泥后可当内馅或羊羹。

## [ 色粉 ]

食用色粉来自于食材，宜选择经过日本国家认证或有 ISO 认证的大品牌色粉，这样的色粉制作过程比较严谨，抑或去除了植物本身对人体的刺激性成分等，使用起来比较安心。可加水调成想要的颜色或加水麦芽调成色膏，加水后需要冷藏存放。

**食用色粉**（左图中排从左至右）：粉红色 2 克、紫色 2 克、红色 2 克、黄色 2 克、绿色 2 克、黑色 2 克、蓝色 2 克。

**青黄豆粉**（左图前排左）：青大豆烘干后研磨成粉，鲜绿的颜色为莺饼不可或缺的蘸料粉。

**紫薯粉**（左图前排中）：紫薯蒸熟后干燥研磨成粉，可加入馅料中，亦可当色粉使用。

**南瓜粉**（左图前排右）：南瓜蒸熟后干燥研磨成粉，可加入馅料中，亦可当色粉使用。

# 制作和果子的基本内馅

滑顺美味的内馅是和果子不可缺少的主角，
代表性的有颗粒红豆馅、红豆沙馅和白豆沙馅等。
口感绵密的手工内馅除在家制作外，也可以购买现成的。

## [ 颗粒红豆馅 ]

### ❀ 材 料

红豆 —— 300 克
白砂糖 —— 300 克
水麦芽（水饴）—— 40 克

※ 煮红豆的水淹过红豆即可。
※ 如果想要降低糖分，可用 30~
45 克海藻糖替代等量的白砂糖，
海藻糖同时有助于提升和果子的
保湿耐冻性，使之更爽口。

### ❀ 主要工具

不锈钢锅、木勺、橡皮刮刀、
砧板

### ❀ 做 法

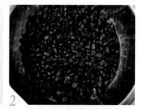

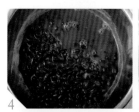

1 选豆 筛选红豆，拣出破碎、虫蛀、变色的豆子。

2 浸泡 用水搓洗数次后，换上干净的水浸泡一个晚上。

3 去涩 隔日用大火煮沸后，倒掉换水，去除涩苦味。

4 煮豆 大火沸腾后转中火，持续加水保持水位，避免烧干。

5 糖渍 煮至红豆膨胀变软后再加入白砂糖，煮沸后反复熬煮。

6 收干 反复熬煮到锅内的水差不多收干了，但红豆仍是一颗颗的。

7 完成 加入水麦芽，拌匀化开即完成。

8 冷却 用橡皮刮刀分成多块，放在砧板上冷却。

※ 将冷却后的颗粒红豆馅包覆保鲜膜，冷藏保存。

# [ 红豆沙馅 ]

## ✿ 材 料

红豆 —— 300 克
白砂糖 —— 300 克
水麦芽（水饴）—— 40 克

※ 煮红豆的水淹过红豆即可。
※ 如果要做白豆沙馅，可以将红豆换成白豆。
※ 如果想要降低糖分，可用 30~45 克海藻糖替代等量的白砂糖，海藻糖同时有助于提升和果子的保湿耐冻性，使之更爽口。

## ✿ 主 要 工 具

不锈钢锅、筛网、橡皮刮刀、木勺、纱布、砧板

## ✿ 做 法

1　选豆　筛选红豆，拣出破碎、虫蛀、变色的豆子。

2　浸泡　用水搓洗数次后，换上干净的水浸泡一个晚上。

3　去涩　隔日用大火煮沸后，倒掉换水，去除涩苦味。

4　煮豆　大火沸腾后转中火，持续加水保持水位，避免烧干。

5　过筛　煮至红豆膨胀变软后，用筛网压豆子将红豆沙压出来。

6　过滤　用纱布将步骤 5 的红豆沙再过滤一次，拧干。

7　加糖　再加入少许水（分量外）和白砂糖熬煮。

8　完成　熬煮到锅内的水差不多收干后，加入水麦芽拌匀化开即完成。

9　冷却　用木勺将红豆沙分成多块，放在砧板上冷却。

※ 将冷却后的红豆沙馅包覆保鲜膜，冷藏保存。

# 练 切 果 子 类

ねりきりがしるい

"练切"为和果子中的艺术极品，

是和果子职人们毕生挑战的境界，

有人说它是吃进肚子里的俳句。

融合四季与五行的上生果子中，

练切是最能贴切表达创作者的心识的。

经过六道洗拣筛、质地极细的豆沙，

可以表现其他材质所不能呈现的效果。

取自大自然植物与矿物中的天然颜料，

因为天然故能展现自然柔美的颜色。

渐层是练切特殊的手法，

五感美学尽在5厘米见方的小宇宙里，

大自然的奥秘得以窥见。

# 练切皮制作

## ✿ 材料

白玉粉 —————— 18克　　白豆沙 —————— 1 000克

水 —————— 15~25毫升　　水麦芽（水饴）—————— 50克

## ✿ 主要工具

玻璃碗、单柄锅、铜锅（或不锈钢锅）、木勺

★所列材料和主要工具未必在图中全部展示；步骤图解中使用的工具颜色、款式也未必和图中展示的完全一致。全书同。不再另行说明。

## ✿ 做法

1

2

3

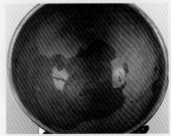

4

5

  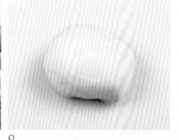

6        7        8

1 先将白玉粉倒入玻璃碗，一边把水慢慢加入粉中一边用手揉捏。

2 水不用全部加完，加到白玉粉成块又不太粘手为止。

3 将白玉粉块分搓成几个小球，放入煮沸的水中煮成麻糬，3分钟后捞起沥干备用。

4 在铜锅内加入少量的水（分量外），放入白豆沙以文火用木勺慢慢翻炒加热，倒入水麦芽。

5 再加入麻糬继续拌炒，直到豆沙出筋。

6 倒在干净的工作平台上，边揉边降温。

7 再分成小块降温，再揉成团，如此反复2~3次会使练切变白。

8 等练切团完全降到室温后，用保鲜膜包好不要让空气进入，冷藏保存。

## / 基 本 技 法 /

### 着 色

和果子用的食用色素，皆符合日本食品卫生法检查标准，通常有粉末状和膏状。粉末状保存期限较久，我们自己再调成膏状或是水状使用比较方便。用红、黄、蓝三原色就可以调制出各种颜色，一开始失败率很高，色膏请先一点一点慢慢加，或是先拿一小块练切染重一点当色种，再加到需要的分量里染色。

● 红色＋蓝色＝紫色　● 红色＋黄色＝橘色　● 蓝色＋黄色＝绿色

1

2

3

3

4

1　先取一小块练切，舀2小匙抹茶粉倒在练切上。

2　包起来，再用平铲刮开压平。

3　用手搓揉调成色种（也可以先将抹茶粉加水调和）。

4　再取一块白色练切和色种混合，充分揉匀调色。

## 包馅

和果子职人通常用非惯用手包馅，比如一般人惯用右手，所以右手负责拿道具、切割、雕琢等难度较高的动作，而左手就负责重复性动作——包馅。左手平时可常常拿鸡蛋练习旋转，使每根手指施力均匀，这样包馅时才不会把皮弄破，也不会导致练切的渐层色分布不均。

包馅的功夫是"台上一分钟，台下十年功"的真功夫，一定要勤加练习，才会有美不胜收的上生果子作品。

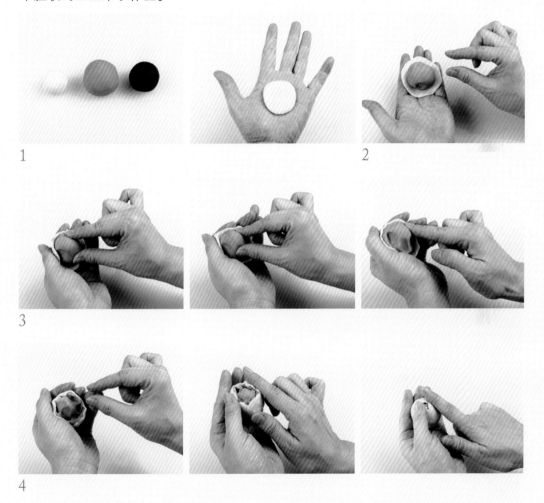

1 将白色练切先搓圆，放在纱布里压扁成如水饺皮一般，直径约5厘米。

2 把绿色练切也搓圆，放在白色练切中间。

3 用右手食指将内馅下压使它固定，将皮不断往上托高延展。

4 当皮已经高过内馅时，用双手食指和拇指收口。

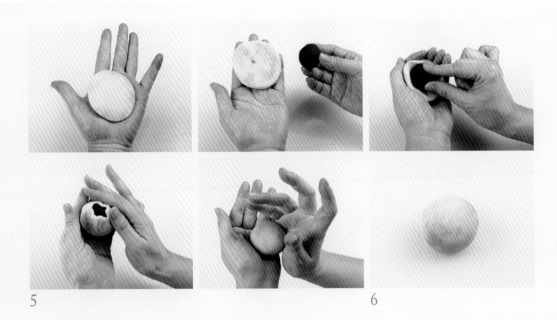

5

6

5　再压平后翻过来（较绿的一面在上），将豆沙放在中间，左手旋转，收口。
6　整个搓圆、整型，完成。

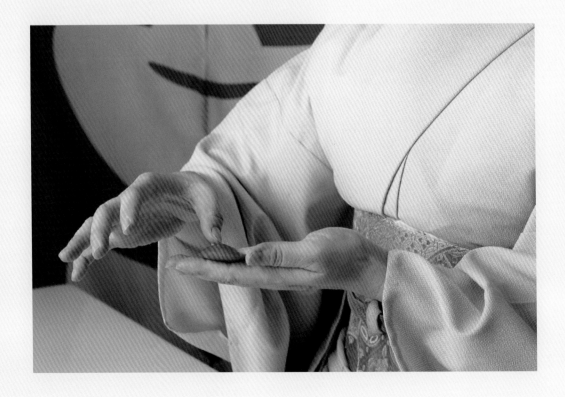

## 贴 的 渐 层 （張りぼかし）

贴的渐层比包的渐层简单许多，重点在于用指腹拨出渐层时要胆大心细，不用怕破坏练切表面，没有破坏就没有建设，而且等渐层拨好再压扁就可恢复平坦了！

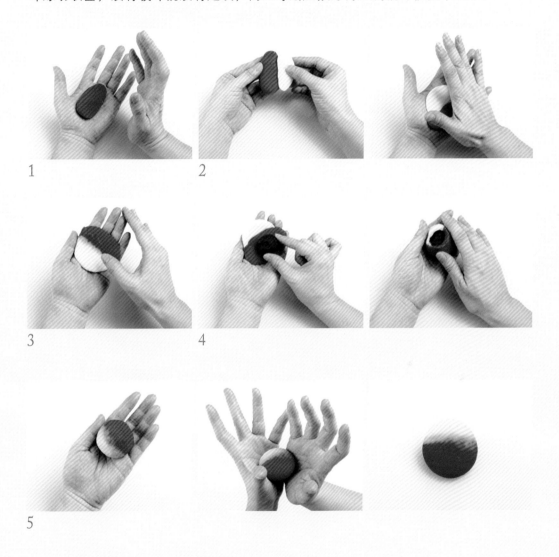

1 将红色和白色练切各搓成椭圆形，再用手掌压扁成半月形。

2 把半月形的红色和白色练切叠拼成圆形。

3 用拇指指腹拨红色与白色交接处（弱化明显的交界线），做出渐层的效果。

4 翻面将内馅包起来，用右手食指将内馅下压使它固定，将皮不断往上托高延展。

5 收口以后再翻正面（收口朝下），搓成圆形，利用双掌将和果子整型，完成。

## 包的渐层 （包みぼかし）

包的渐层是用直径很小的一张皮，包起重量是它两倍以上的皮料后压回原来的直径，再用这张皮继续包内馅。小小一张皮被延展到像我们的皮肤那么薄，如此才能做出白里透红的自然感，这是其他任何甜点所望尘莫及的绝技，自然也是非常难的基本功，除了努力练习以外没有捷径。

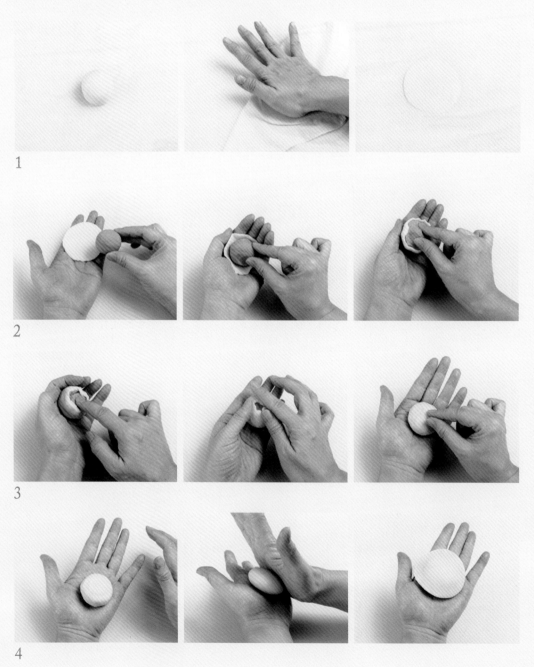

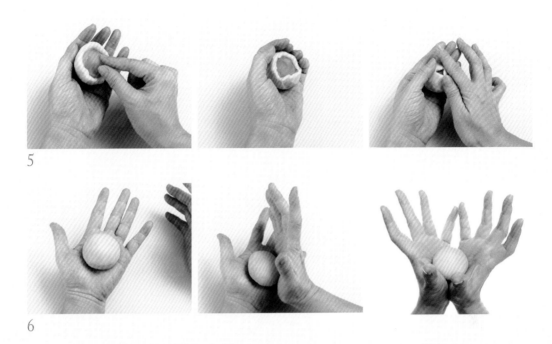

1 将白色练切搓圆，放在纱布里用手掌压扁成如水饺皮一般，直径约5厘米。

2 把粉红色练切搓圆包进白色外皮里，左手一边旋转一边握拳，将外皮托高延展，尽量不弄破白色皮。

3 用右手食指将粉红色练切下压使它固定，可帮助白色皮往上延伸。

4 包好以后再用手掌压成直径约5厘米的皮。

5 再用这块泛粉红色的皮将内馅包起来，此时泛粉红色外皮已经变得很薄，手指施力尽量均匀，避免把皮弄破。

6 收口以后翻正面，利用双掌将果子整成微扁圆形状，确认整体是否圆润无凹陷。

---

( **中 央 的 渐 层** ) （三部ぼかし）

中央的渐层又比贴的渐层简单，但因为一直拨中央，那里会变薄，容易从中央露馅，所以可以先抓一小块皮作补充用。

1 将橘色练切先搓圆，再用手掌压扁成圆形，中央用手指捅一个洞但不要捅穿。

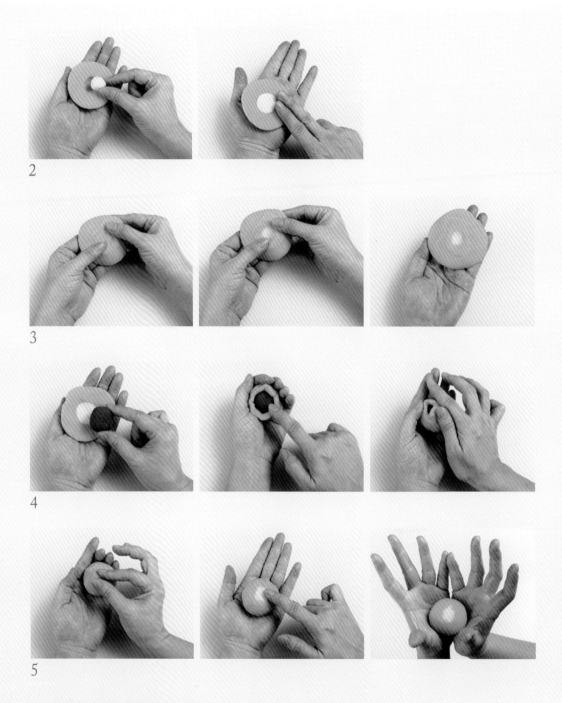

2

3

4

5

2 将白色练切放入洞里压扁。

3 翻面在中央慢慢拨出白色练切，形成直径约1厘米的白晕。

4 再翻面将内馅包起来，用右手食指将内馅下压使它固定，将皮不断往上托高延展。

5 收口以后翻正面，确认白晕在中央后搓圆，利用双掌将和果子整型，完成。

花语：澄澈之心

# 正月梅

しょうがつばい

冰清玉洁正月梅，疏影横斜独自开。

遥望雪里步早春，幽幽浮动暗香来。

✻ **材 料** ┃ 1个（皮20克和8克、内馅15克）

红色练切 _____ 20克　红色练切（小花瓣）___ 少许

白色练切 _____ 8克　黄色练切（花蕊）_____ 少许

红豆沙内馅 _____ 15克

✻ **主 要 工 具** ┃

圆头汤匙、三角棒、棉质纱布、梅花压模、丸棒、插针、金团筛网（也可用一般的筛网）

✻ **做 法** ┃

**1** 将红色和白色练切各搓成椭圆形，用手掌压扁成半月形。再把半月形的红色和白色练切叠拼成圆形。

**2** 用拇指指腹拨红色与白色交接处，做出渐层的效果。

**3** 翻面将内馅包起来，用右手食指将红豆沙内馅下压使它固定，收口以后再翻正面，搓成红白相间的扁圆形。

  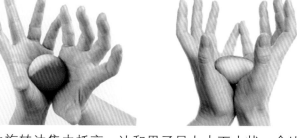

4 白色那头稍微压扁，让红色区域占整体的2/3。

5 边旋转边集中托高，让和果子呈上大下小状，会比较有立体感。

6 将红色那头朝下，使整体能够呈45度角斜立。

7 用圆头汤匙先挖出白色那头的耳朵，再挖出红色侧面的耳朵。

8 再用三角棒在右下方斜切一道痕，当作梅花的枝。

9 用纱布将少许红色练切（分量外）压扁，再用梅花压模压出梅花花瓣，然后脱模。

10 用丸棒蘸水在枝上轻轻压一个洞。

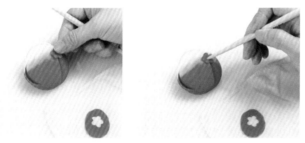

11 将梅花花瓣放上去，再用丸棒压一下固定。

12 把少许黄色练切放在金团筛网上，通过筛网压挤出细条状花蕊。

**13** 用插针将花蕊挑起一些放在花瓣上，完成。

· 赏味期 ·
冷冻保存**7**天
冷藏保存**2**天

**Emily**
**老 师 说**

**Q** 为什么要呈45度角斜立呢？

**A** 因为不想看到躺平的梅花啊！

我们做和果子也要符合人体工学，站在观赏者最舒适的视角来制作。小梅花的花瓣中央要凹陷，花蕊的量要刚刚好而且呈放射状，这样梅花才会生动。挖耳朵时圆头汤匙要有往外翻开的动作，这样花瓣才有盛开的感觉。

另外，用汤匙挖耳朵是为了表现出梅花花瓣的局部背景，小梅花点缀在枝头上则是前景，这款和果子是上生果子中的经典款，小梅花与耳朵的距离拿捏是美感的重点。

花语：喜气、吉祥

爆竹の花

# 炮仗花

百花齐开响炮齐发，一身吉祥亮出金黄。

富丽堂皇繁花似锦，橙红美衣贺岁迎春。

❋ **材 料** 1个（皮24克和4克、内馅15克）

橘色练切 —— 24克　　黄色练切 —— 少许

白色练切 —— 4克　　绿色练切 —— 少许

抹茶内馅 —— 15克

❋ **主要工具**

三角棒、丸棒、棉质纱布、插针、叶子压模

❋ **做 法**

1 将橘色练切先搓圆，再用手掌压扁成圆形，中央用手指捅一个洞但不要捅穿。

 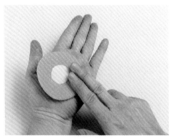

2 将白色练切放入洞里压扁。

3 翻面，在中央慢慢拨出白色练切，形成直径约1厘米的白晕。

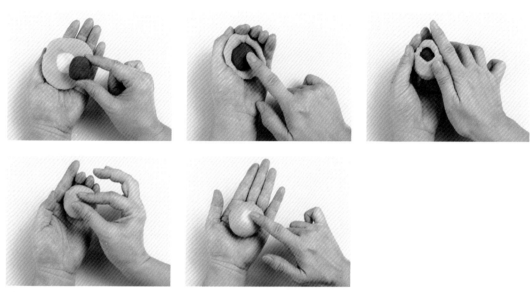

4 再翻面，将抹茶内馅包起来，用右手食指将内馅下压使它固定，收口以后翻正面，
确认白晕在中央后搓圆。

5 边旋转边集中托高，让
果子呈上大下小状，会
比较有立体感。

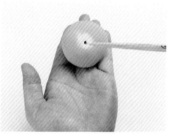

6 在果子中央用丸棒戳一
个小洞做记号。

7 用三角棒先切出十字来，再用丸棒修饰加深。

8 每个花瓣用左手拇指、右手食指和拇指挤出三角形。

9 用纱布盖住整颗果子，用丸棒向中央插进去，使纱布陷入果子当中后再将纱布揭掉。

10 先用插针在每个花瓣中央划上一道线，再用三角棒压深。

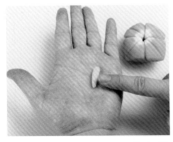  

11 将搓成细长形的黄色练切末端卷弯当花蕊，将花蕊插在花的中央。

  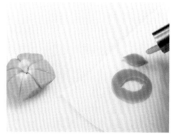

**12** 将绿色练切搓圆放纱布里压扁，再用叶子压模压出叶片，脱模备用。

· 赏味期 ·

冷冻保存**7**天
冷藏保存**2**天

**13** 最后贴上叶子，用三角棒按压固定，完成。

---

**Emily**

**老师说**

　　此造型只取炮仗花前端开花的部分，后面长形的"炮身"就省略了！这是我为市长官邸艺文沙龙讲堂设计的原创上生果子，使纱布陷入皮的目的是为了使整朵花看起来更有立体感，让花瓣的样子像喇叭一样往后翻开。

　　每个花瓣挤出三角形时位置在偏低的地方，但不要做得和豆腐一样死板；花蕊要做出往上伸又卷起来的感觉，叶子贴的位置要略微倾斜才不会呆板。

# 黄莺

ウグイス

寓意：美好的开始

黄莺出谷绕天际，千里啼声绿映红。
欲报冬去春又回，雪里梅花含笑迎。

✿ **材料** 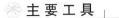 1个（皮20克和8克、内馅15克）

绿色练切 ——— 20克      咖啡内馅 ——— 15克
白色练切 ——— 8克       黑芝麻 ——— 1粒

✿ **主要工具**

丸棒

✿ **做法**

1 将绿色和白色练切各搓成椭圆形，用手掌压扁成半月形。

  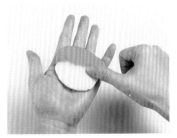

2 再把半月形的绿色和白色练切叠拼成圆形。

3 用拇指指腹拨绿色与白色交接处，做出渐层的效果。

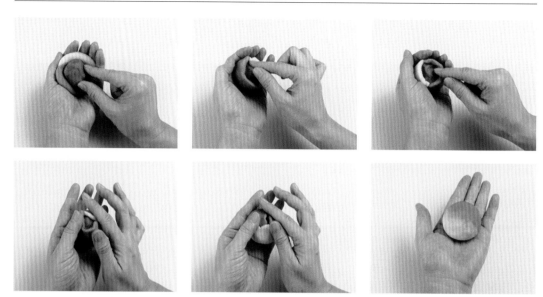

4 翻面将咖啡内馅包起来，用右手食指将内馅下压使它固定，收口以后再翻正面，搓
  成绿白交融的扁圆形。

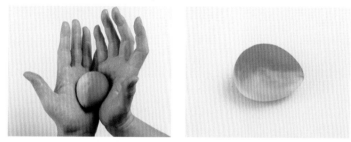

5 确认头尾位置后捏成近似蛋形，使整体能呈45度角斜立。

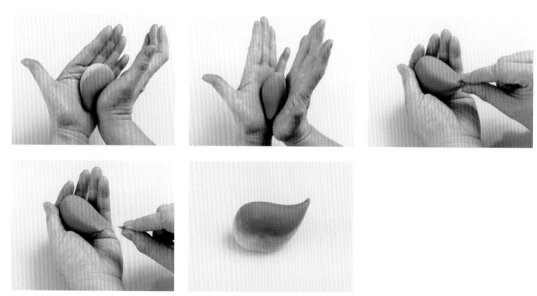

6 再捏出鸟尾的曲线，用食指和拇指捏掉多余的练切。

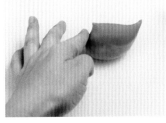  

7 再捏出鸟嘴的样子。

8 靠近鸟嘴放上黑芝麻当作眼睛，完成。

· 赏味期 ·

冷冻保存**7**天
冷藏保存**2**天

**Emily**

老师说

黄莺在上生果子中的表现很多变，大多会用布来表现翅膀的纹路，这个创作则完全用手来捏制，考验职人的手感，鸟尾用手指捏掉多余的练切是为了做出翅膀轻巧的动感，属高难度的技法。

鸟肚子尽量肥满看起来比较可爱，而鸟尾的曲线尽量做成有腰身尾巴翘起，鸟看起来会比较有精神，眼睛放的位置要接近鸟嘴，否则鸟看起来会显得头大笨拙。为什么要呈45度角斜立，前面已经说过了，大家不想看到躺平的黄莺吧！

八重樱
やえざくら
花语··文雅

淡薄春里怒放开，飘然典雅群交织。
花间鸟语唱啁啾，远眺云端醉岚山。

春季 春分（しゅんぶん，Shunbun）3月20或21日|昼夜平均 难度 ★★☆☆☆

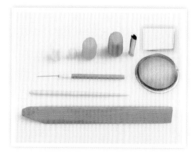

### ❀ 材料 1个（皮8克和20克、内馅15克）

| | | | |
|---|---|---|---|
| 白色练切 | 8克 | 甘薯内馅 | 15克 |
| 粉红色练切 | 20克 | 黄色练切 | 少许 |

### ❀ 主要工具

棉质纱布、三角棒、丸棒、樱花瓣压模、筛网、插针

## 做法

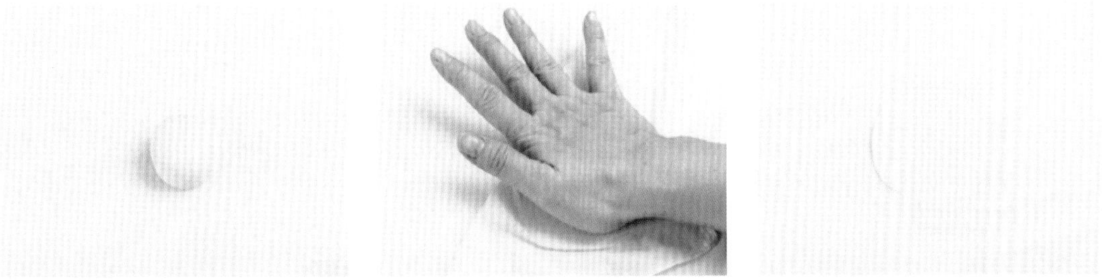

1 将白色练切搓圆，放在纱布里压扁成如水饺皮一般，直径约5厘米。

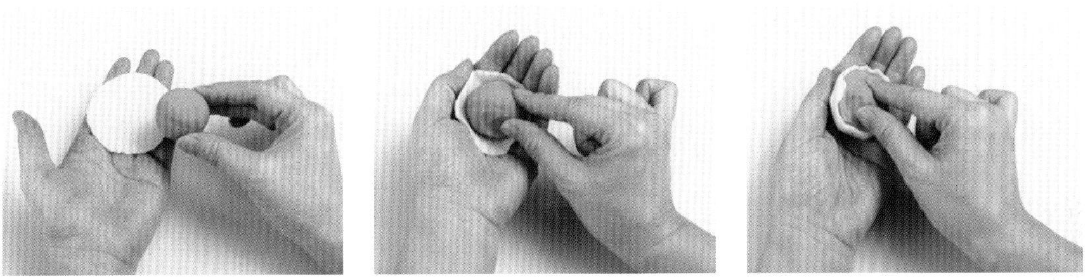

2 把粉红色练切搓圆包进白色外皮里，左手一边旋转一边握拳，将外皮托高延展，尽量不弄破白色外皮。

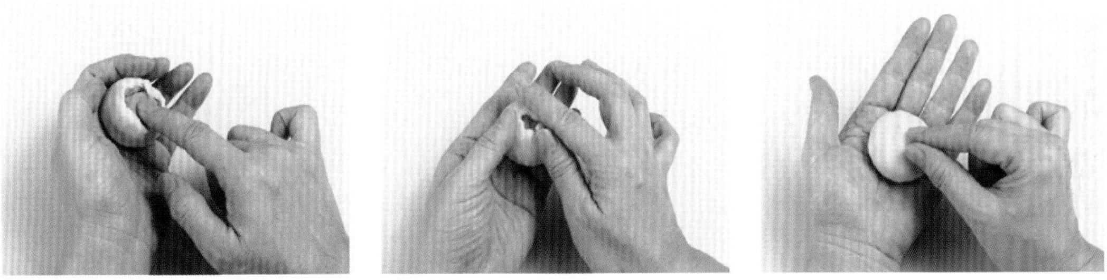

3 用右手食指将粉红色练切下压使它固定，可帮助白色皮往上延伸。

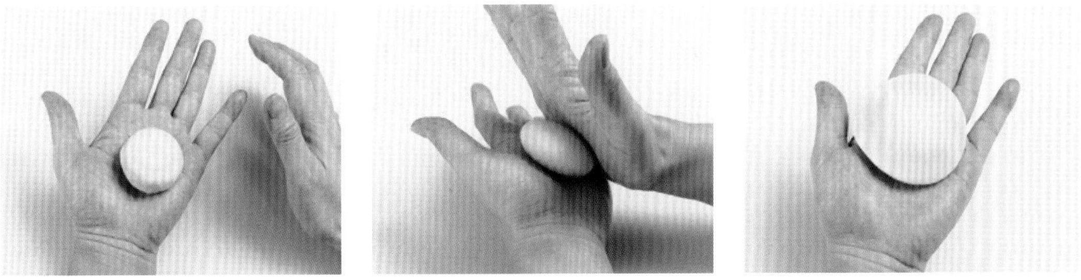

4 包好以后再用手掌压成直径约5厘米的皮。

5 再用这块泛粉红色的皮把甘薯内馅包起来，手指施力尽量均匀，避免弄破泛粉红色外皮。

6 收口以后翻正面，利用双掌将果子整理成微扁圆形状，确认整体是否圆润无凹陷。

7 左手旋转，边旋转边集中托高，使果子呈现上大下小状。

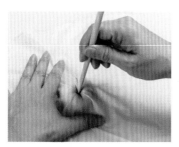  

·赏味期·

冷冻保存**7**天
冷藏保存**2**天

8 用纱布盖住整颗果子，用丸棒向中央插进去，使纱布陷入果子当中后再将纱布揭掉。

  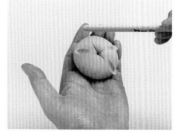

9 用丸棒在正面推，推出5瓣大小一样的花瓣。

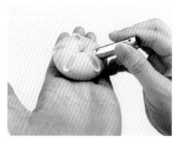  

**10** 用樱花瓣压模在5个花瓣之间各压一个樱花瓣痕。

**11** 用插针在每个樱花瓣痕上划一道线直至中心。

**12** 使用三角棒从花瓣边缘压出裂痕，使5个樱花瓣的样子更加分明。

**13** 最后把少许黄色练切通过筛网挤成细条状当作花蕊，再用插针挑起一些放到花中央，完成。

---

**Emily**

**老师说**

　　八重樱花瓣重叠宛如牡丹般华丽，据说曾发现过一朵花瓣多达300个的八重樱。这个作品是和果子的定番（一定会有的）商品，每个职人表现起来却又不太相同。白色外皮才8克但最后包进了所有馅料，可见其延展性之强大，薄到像肌肤一样所以才能呈现白里透红的效果，一定要相信完全包起来是可以实现的！

　　另外，步骤6整理成微扁圆形状，是需要反复练习才会成功的，虽说是微扁圆形状，其实中央要隆起整朵花才会呈现立体感。步骤10压樱花瓣痕的时候不要一味直直压下，而是压下去后再微微拉起，让花瓣往上翘，作品整体才会生动。

花语：诚意、内蕴清秀、志同道合

<ruby>海<rt>か</rt></ruby> <ruby>芋<rt>いう</rt></ruby>

杳杳山烟雾谷间，朵朵洁白花田里。
远看盏盏佛焰苞，朝露滴水似观音。

## ❀ 材 料 | 1个（皮22克和5克）

白色练切 \_\_\_\_\_ 22克　　黄色练切 \_\_\_\_\_ 少许

绿色练切 \_\_\_\_\_ 5克

## ❀ 做 法

1 把白色练切搓圆，用手掌压扁成如水饺皮一般，直径约5厘米。

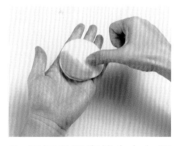

2 把绿色练切用手掌压扁成半月形，贴在白色练切的边缘。

3 用拇指指腹拨白色与绿色交接处，做出渐层的效果。

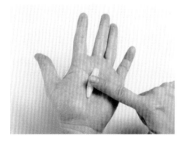
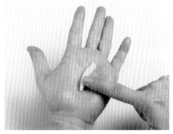

·赏味期·

冷冻保存**7**天

冷藏保存**2**天

4 把黄色练切搓成长条形，当花蕊用。

5 将步骤3所完成的有渐层的绿色那一面朝下，放在左手虎口处。把黄色花蕊横放在上面，然后左右卷起包住花蕊。

6 利用虎口的弧度做出海芋的花形，花蕊顶端调整为略弯的角度，再将花瓣白色那一端微调成尖形。

7 把绿色的底端调整为能够立起，使整体呈45度角斜立，完成。

**Emily**

**老师说**

这朵海芋是我完成在日本的学习后原创的和果子。创作时一直困扰于若是包了内馅整颗圆滚滚的难以表现出海芋的纤细，最终决定不包馅只用皮，这真的是很大胆的尝试，却出乎意外的成功，教学时学生也可以轻易地完成。

利用虎口的弧度做出海芋的花形，是我摸索到的最不易失败又趣味十足的做法，可以把海芋花瓣那自然外翻的感觉完美呈现出来。

# 紫藤花
ふじ

花语：醉人的恋情、想念、最幸福的时刻

紫中带蓝，灿若云霞，
梦幻，却真实存在。
紫藤需缠树而生，独自不能存活，
看它摇曳在春光下，惊艳之余，却有些许感伤，
紫藤花的故事里，缠绕着挥之不去的丝丝依恋……

✿ **材料** 1个（皮20克和8克、内馅15克）

紫色练切 ———— 20克 红豆沙内馅 ———— 15克

粉红色练切 ———— 8克

✿ **主要工具**

棉质纱布、三角棒、丸棒

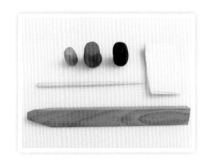

✿ **做法**

1 将紫色和粉红色练切各搓成椭圆形，用手掌压扁成半月形，再叠拼成圆形。

2 用拇指指腹拨紫色与粉红色交接处，做出渐层的效果。

  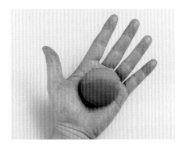

3 翻面将红豆沙内馅包起来，用右手食指将内馅下压，左手旋转，收口，让粉红色区域占整体的1/3。

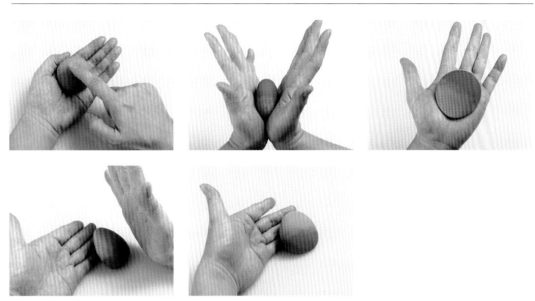

4 将紫色那头朝下、粉红色那头朝上呈45度角斜立，将粉红色那头压扁变薄。

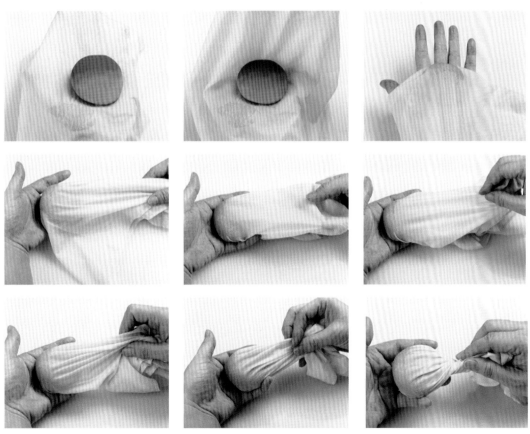

5 用纱布将和果子包起来，将纱布的皱褶捋顺，收尾在粉红色那头，再旋转收紧（旋紧）纱布。

6 用拇指大力压住粉红色区域，直至感觉拇指指尖已经穿透果子。

7 打开纱布后看拇指压印的部分，如果有多余的练切就弄掉。

8 调整整体成月牙形状，再用三角棒在右下方切出一道痕。

### Emily
#### 老师说

这也是我原创的和果子。日本常见的是倒三角形的做法，因为我曾做过紫藤花的工艺和果子，知道它的花瓣类似月牙形状，因此在教学时一直提醒学员塑造饱满的月牙线条，若是做得不顺会很像虾饺，其实在用纱布造型时就已经决定这颗果子的命运了！布巾造型算是上生果子中较难的技法。

步骤6用拇指大力压住粉红色区域时，要确保纱布已经捋顺成你要的样子，拇指在定型也在定位，嵌进果子多少，决定这款果子成功与否。

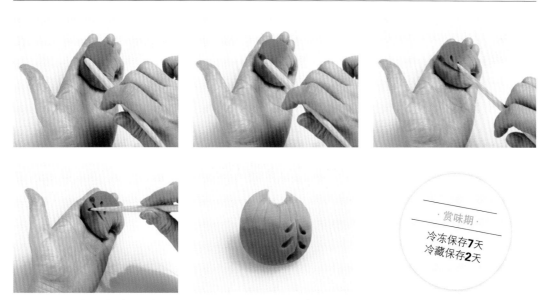

9 在那道痕的左右两边及下方，用丸棒分别点出紫藤花
瓣的形状，完成。

# 锦鲤

にしきごい

寓意：高贵吉祥、年年有余

鲤鳞霞绮赛夏荷，丰盈摇摆戏莲蓬。
池水鲜艳耀绿波，胜过杨柳舞春风。

夏季 | 立夏（りっか，Rikka）5月5、6或7日|夏季开始 | 难度 ★★★★☆

❀ **材 料** ｜1个（皮20克和8克、内馅15克）

| | | | |
|---|---|---|---|
| 红色练切 —— 20克 | | 白色练切（鱼嘴、鱼眼）—— 少许 | |
| 白色练切 —— 8克 | | 红豆沙馅（鱼眼）—— 少许 | |
| 红豆沙内馅 —— 15克 | | | |

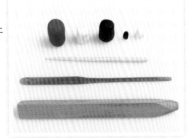

❀ **主 要 工 具** ｜

三角棒、丸棒、鱼鳞棒

❀ **做 法** ｜

**1** 将红色和白色练切各搓成椭圆形，用手掌压扁成半月形，再叠拼成圆形。

**2** 用拇指指腹拨红色与白色交接处，做出渐层的效果。

**3** 翻面将红豆沙内馅包起来，用右手食指将内馅下压使它固定，左手旋转，收口，用手掌搓成红色区域较多的橄榄球状。

4 在红色区域上方用右手拇指和食指捏出一条棱成为背鳍。

· 赏味期 ·

冷冻保存**7**天
冷藏保存**2**天

5 用三角棒在整体的2/5处，切两道往上的抛物线完成鱼鳃。

6 左边为鱼的头部，用丸棒点出眼睛和嘴的位置。

  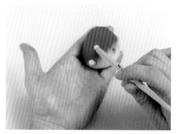

7 再用少许白色练切搓2颗白圆球，放在眼睛和嘴的位置，用丸棒再戳一下。

8 接着再用丸棒在嘴下方划一条直线，在鳃下划出腹鳍。

9 用鱼鳞棒在腹鳍上划3道纹。

 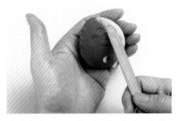 

10 用鱼鳞棒在背鳍上划出一排斜纹，再在右边的鱼腹上压出5片鱼鳞。

11 最后用少许红豆沙馅搓出眼珠放在鱼眼位置，完成。

**Emily**

**老师说**

　　有五官的和果子最难做，因为眼睛和嘴巴的距离多一点少一点，都会影响这条鱼生动与否，这个果子一直不能出现在体验课程中，就是因为太难拿捏位置了！除了表情以外，鱼鳞的位置必须交错有致才不会显得死板。

　　鳃的位置若是太往后或是线条不自然，整条鱼的比例也会很怪，所以一定要算准位置再下手，还有鳃、眼、嘴的间距也应适当，眼睛不宜太大，这鱼看起来才会灵活聪明。

原创

桐花

きりの花

花语：情窦初开

夏日舞桐花，相偕品春茶。
盘飧不必备，只问唐和家。
轻骑浮日闲，覆雪连天长。
笑问何所似，炊烟满山房。

✿ **材 料** 1个（皮24克和4克、内馅15克）

| | | | |
|---|---|---|---|
| 白色练切 | 24克 | 红豆沙内馅 | 15克 |
| 红色练切 | 4克 | 黄色练切 | 少许 |

✿ **主要工具**

三角棒、丸棒

✿ **做 法**

1 将白色练切先搓圆，再压扁成圆形，在中央用手指捅一个洞但不要捅穿。

2 将红色练切放入洞里压扁。

3 翻面在中央慢慢拨出红色练切，形成直径约1厘米的红晕。

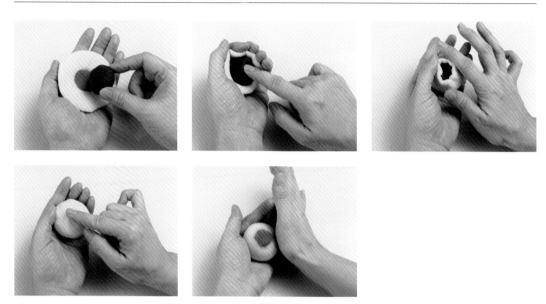

4 翻面将红豆沙内馅包起来，用右手食指将内馅下压使它固定，收口以后翻正面，确认红晕在中央之后搓圆。

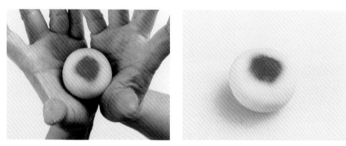

5 边旋转边集中托高，让和果子呈上大下小状，会比较有立体感。

6 在中央用丸棒戳一个小洞做记号，用三角棒切压，将圆球5等分。

7 用左手拇指、右手食指和拇指捏出花瓣的形状，5个花瓣都同样做法。若5等分的线不明显或不见了，可用三角棒再加深，完成后用丸棒在花的中心戳一个洞。

8 接着做花蕊，把黄色练切搓成1厘米长的3条，如图摆放在花的中央。

· 赏味期 ·

冷冻保存**7**天
冷藏保存**2**天

9 然后用丸棒从中央压下去，使花蕊两端翘起来，再微调花蕊的曲线，完成。

**Emily**

**老师说**

桐花分雌雄，中间红色的是雄花、黄色的是雌花，因这个趣味我创作了这一对桐花，雄花的对比色比较明显，所以更好看些。台湾地区曾因日本家具市场的需要大量种植梧桐，却因此感染俗称"天狗巢"的簇叶病；投机的农民便开始改种质材与梧桐相似的油桐，以假乱真仿冒梧桐出售，后来被精明的日本人发现，从此油桐树被弃置山林变成野树。但也因为这个"美丽的错误"，我们现在才能看到漫山遍野的油桐花。

在制作花瓣时，需要注意不要无限延伸，否则会出现像海星一样的和果子！

# 花菖蒲

はなしょぶ

花语：信者之福、神秘的人

姹紫仙立不染尘，夭夭剑草冬夏青。
人间千花万草尽，不敢与之争芳馨。

夏季 芒种（ぼうしゅ，Boushu）6月5、6或7日|麦丰收、稻种植 难度 ★★★☆

✤ **材料** 1个（皮20克和8克、内馅15克）

| | | | |
|---|---|---|---|
| 紫色练切 ——— 20克 | 黄色练切 ——— 少许 |
| 白色练切 ——— 8克 | 绿色练切 ——— 少许 |
| 红豆沙内馅 ——— 15克 | | |

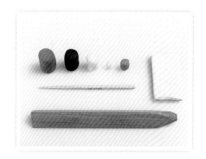

✤ **主要工具**

棉质纱布、三角棒、丸棒

✤ **做法**

1 将紫色和白色练切各搓成椭圆形，用手掌压扁成半月形，再叠拼成圆形。

2 用拇指指腹拨紫色与白色交接处，做出渐层的效果。※贴的渐层做法请参见p.025。

3 翻面将红豆沙内馅包起来，收口以后再翻正面，搓成圆形，让白色区域占整体的1/3。

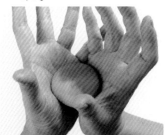

4 让紫色那头朝下、白色那头朝上呈45度角斜立，将白色那头压扁变薄。

5 将少许黄色练切搓成1厘米长，贴在白色区域的中央再压扁。

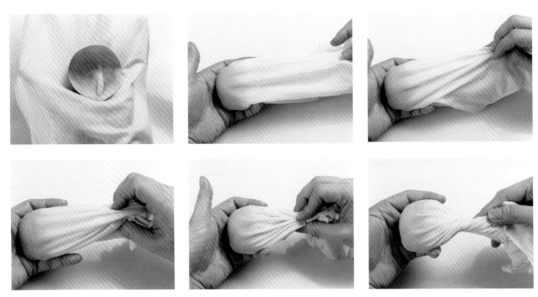

6 用纱布将果子包起准备造型。将纱布的皱褶捋顺，收尾在白色那头。

7 将包着纱布的果子放在左手掌心，纱布收尾的地方朝下，用右手拇指大力压住白色区域。

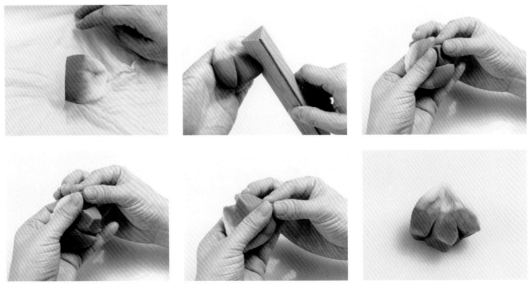

8 打开纱布拿出果子，用三角棒在紫色区域切两道，切出3瓣花瓣，中间的花瓣大些，两边的花瓣小些，用左手拇指、右手食指和拇指一起捏出花瓣的尖角。

9 用丸棒在每个花瓣的中央各推一个沟。

 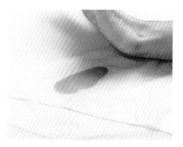 

10 接着做叶子，把少许绿色练切搓成长条状，用纱布压平，再用刀子切成宝剑形状，贴在花上，完成。

**Emily**
___
老 师 说

　　花菖蒲为鸢尾科鸢尾属的一个变种。如果说樱花是日本的平民之花，那花菖蒲就是贵族之花了！每年6月明治神宫御苑的花菖蒲季，各色花菖蒲倒映在庭园清澈的浅水中，深紫、浅紫、粉紫、深蓝、浅蓝、清白、粉白，看得人目不暇接眼花缭乱。尤其在下过雨的午后，被洗涤得更清新的花菖蒲，水珠悬在花瓣、叶间楚楚动人。难怪日本人将花菖蒲印在5 000元日币上，视之为国宝之花。

　　这款花菖蒲是和果子的定番造型，重点是要让花身挺立，不要做成瘫软的样子，否则就有失其贵族风范了！

# 猫

ねこ

寓意：神秘、招财

若即若离难捉摸，像小孩又似情人，

一会儿死缠烂打，一会儿不理不睬，

自由自在天地走，优雅孤独的诗人。

❀ **材 料** ┃ 1个（皮20克和8克、内馅15克）

粉红色练切 ———— 20克 　　白色练切（猫耳）——— 少许

白色练切 ———— 8克 　　洋红色练切（猫鼻）——— 少许

甘薯内馅 ———— 15克

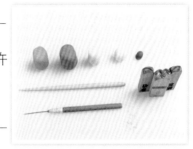

❀ **主 要 工 具** ┃

丸棒、插针、猫嘴印章、猫眼印章

❀ **做 法** ┃

1　将粉红色和白色练切各搓成椭圆形，用手掌压扁成半月形，再叠拼成圆形。

2　用拇指指腹拨粉红色与白色交接处，做出渐层的效果。※贴的渐层做法请参见p.025。

3　翻面将甘薯内馅包起来，用右手食指将内馅下压使它固定，收口以后再翻正面，搓成左右微宽的扁圆形猫脸。

4 先确定猫耳的位置，用丸棒戳洞。在右边猫耳位置贴一小片白色练切（分量外）装饰。

5 制作猫耳。用白色练切搓成一头微尖插入猫耳的位置，再用丸棒压出猫耳内部细节。

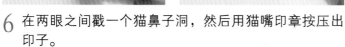

6 在两眼之间戳一个猫鼻子洞，然后用猫嘴印章按压出印子。

7 继续用猫眼印章在和果子上方1/2处压上左右对称的印子。

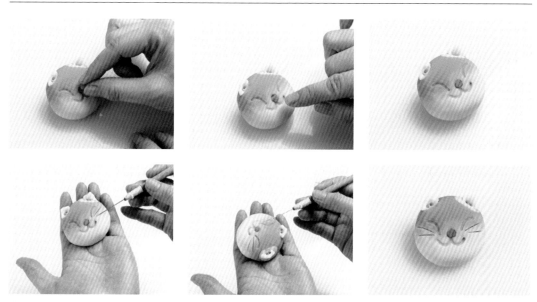

8 把少许洋红色练切搓圆当作鼻子装上，再用插针分别在左右两边划出猫胡须，完成。

· 赏味期 ·

冷冻保存**7**天
冷藏保存**2**天

**Emily**

**老师说**

在我设计这个原创和果子前，我一定会用绘图软件先勾勒出满意的造型，接下来刻印章，然后才进行后续的制作。因为有表情的和果子做起来最难，这是我一直强调的，除了左右对称考验技艺以外，轮廓及五官之间的距离，所有的细节都不能放过，才能做出活灵活现的猫咪。

猫耳要做得生动，就真的要亲眼观察一下猫耳朵了！我以前养猫时每天帮猫咪清耳朵，所以对猫耳结构了如指掌。猫耳内有一个特殊半膜，即便不近看也看得出来，若是能把它做出来就有七分像了！再者就是眼睛的弧线，那是整张脸上表情的重点，要做出笑眯眯的感觉需要反复练习，才能掌握角度的变化对表情的影响。

原创

# 凤凰花

ほうおうぼく

花语·离别、思念

骊歌响起，凤凰花开，默默燃放着离别情愁，
满树火红的凤凰花朵朵纷落在红砖道上，
花开花谢，愿此情此景能长存彼此心中。

夏季 小暑（しょうしょ，Shousho）7月6、7或8日|天气渐热 难度 ★★★★☆

❀ **材 料** 1个（皮22克和5克、内馅15克）

| | | | |
|---|---|---|---|
| 橘红色练切 | 22克 | 白色练切（花瓣） | 少许 |
| 黄色练切 | 5克 | 黄色练切（花蕊） | 少许 |
| 红豆沙内馅 | 15克 | | |

❀ **主 要 工 具**

棉质纱布、三角棒、丸棒、插针

❀ **做 法**

1 将橘红色和黄色练切各搓成椭圆形，用手掌压扁成半月形，再叠拼成圆形。

2 用拇指指腹拨橘红色与黄色交接处，做出渐层的效果。※贴的渐层做法请参见p.025。

3 翻面将红豆沙内馅包起来，用右手食指将内馅下压使它固定，左手旋转，收口，搓成扁圆形，让橘红色区域占整体的3/4。

4 将少许白色练切搓成长条形，贴在正面橘红色区域的中央。

5 将和果子正面朝上用纱布包起来，捋顺纱布往下压皱褶，再旋紧纱布。

6 旋紧的纱布像一根布棒般下压果子，在果子中央形成一个凹洞。

7 如图，旋紧的纱布吃进果子里，让纹路变得自然。

8 打开纱布，用三角棒在果子上切出4瓣花瓣，上下方的花瓣大些，左右方的花瓣小些。

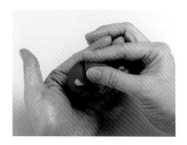  

9 用拇指和食指给上边和左右两边的花瓣轻捏出荷叶边。

10 用三角棒在荷叶边上压出锯齿状。

11 再用插针在花瓣上划出放射状的纹路。

12 接着做花蕊，把少许黄色练切搓成约2厘米长的条，共3条，当作花蕊。

13 将3条花蕊如图放入中间凹洞，用丸棒压中央使两端翘起。

·赏味期·

冷冻保存**7**天
冷藏保存**2**天

14 最后用丸棒微调花蕊使其自然弯曲，呈现自然伸展的样子。

**Emily**

**老师说**

这朵花也是我的原创作品，凤凰花开在高高的树枝上，要等它落下才能一探真面目。我不知不觉在一朵花上用了超过3种手法，让学员们做到直叹气。其实用巧力不用蛮力，虽然费心但是累积起来的成果是辉煌的。这朵华丽的凤凰花重点是最后的花蕊，花蕊若有如跳大腿舞般的动感就成功大半了！

轻捏出花瓣的荷叶边也是成败的关键，记得教学时学员们总是太用力捏荷叶边，使得凤凰花伤痕累累，之前的努力都功亏一篑，所以说做和果子就像为人处事般，当用力时且用力，该用巧力时千万别用蛮力！

# 朝颜

あさがお

花语：虚幻的爱情、易逝的美好

悄悄在清晨绽放的朝颜花，
仿佛天使唱颂的扬声器，放送晨曦带来的美好。
娇嫩如此不与烈日交锋，只愿做自己，
等待下一个晨曦。

❀ **材料** 1个（皮20克和8克、内馅15克）

| | | | |
|---|---|---|---|
| 粉红色练切 | 8克 | 黄色练切 | 少许 |
| 紫色练切 | 20克 | 绿色练切 | 少许 |
| 红豆沙内馅 | 15克 | | |

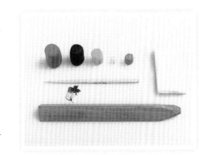

❀ **主要工具**

棉质纱布、叶子压模、三角棒、丸棒

❀ **做 法**

1 将粉红色练切搓圆，用手掌压扁成如水饺皮一般，直径约5厘米。

2 把紫色练切包进粉红色外皮里，左手一边旋转一边握拳，将外皮托高延展，尽量不弄破粉红色外皮。

3 包好收口后，再用手掌压成直径约5厘米的皮。

4 用这块泛紫色的皮把红豆沙内馅包起来，手指施力尽量均匀，避免弄破泛紫色外皮。

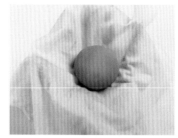

**5** 整理成微扁圆形状，正面朝上用纱布包起来，捋顺皱褶将纱布旋紧。

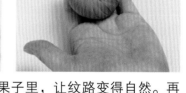

**6** 旋紧的纱布像一根布棒般下压果子，在果子中央形成一个凹洞。

**7** 如图，旋紧的纱布吃进果子里，让纹路变得自然。再从纱布里拿出果子调整使之更圆润。

---

**Emily**

**老师说**

　　这是一颗给初学者信心的和果子，重点在于纱布的皱褶要捋顺，还有纱布本身要旋转得非常紧实，不然纱布下压的时候位置容易偏。若是在包馅时能够更小心地不使粉红色的皮破掉，这朵朝颜花便可更完美地呈现。

　　同一朵花，为何中国叫作牵牛花，日本叫朝颜呢？据说中国古代牵牛花的种子是一种非常珍贵的药材，如果有人送你一颗牵牛花种子，就等同于牵一头牛送你一样贵重，因此得名为牵牛花。牵牛花种子在江户时代传到日本之后，因为在夏天盛开的牵牛花刚好遇上七夕节，而织女星的别称为"朝颜姬"，于是浪漫的日本人把牛郎织女相会的故事升华成：朝颜花若开牛郎织女相会的日子也不远了！这就是牵牛花在日本被叫作朝颜的由来。

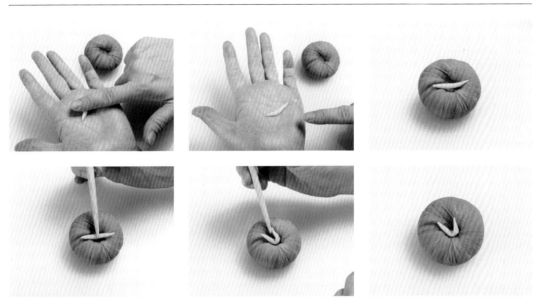

8 接着做花蕊，搓一条1厘米长的黄色练切，放在果子中央，用丸棒从中心戳入使两端翘起。

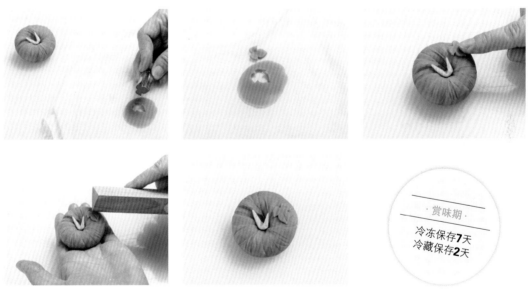

·赏味期·

冷冻保存**7**天
冷藏保存**2**天

9 把绿色练切压扁后用叶子压模压出叶片，放在果子右上角，用三角棒轻压固定，完成。

原创

花语：勇敢、新恋情
ぶっそうげ
# 扶桑花

捻花寄情挂耳边，随风摇曳裙摆后。
大眼热情示暧昧，南国少女最清新。

❀ **材料** 1个（皮20克和8克、内馅15克）

| | | | |
|---|---|---|---|
| 橘红色练切 | 20克 | 红豆沙内馅 | 15克 |
| 黄色练切 | 8克 | 黄色练切（花蕊） | 少许 |

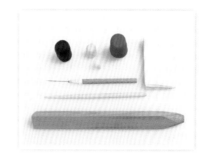

❀ **主要工具**

棉质纱布、三角棒、丸棒、插针

❀ **做 法**

**1** 将橘红色和黄色练切各搓成椭圆形，用手掌压扁成半月形，再叠拼成圆形。

**2** 用拇指指腹拨橘红色与黄色交接处，做出渐层的效果。※贴的渐层做法请参见p.025。

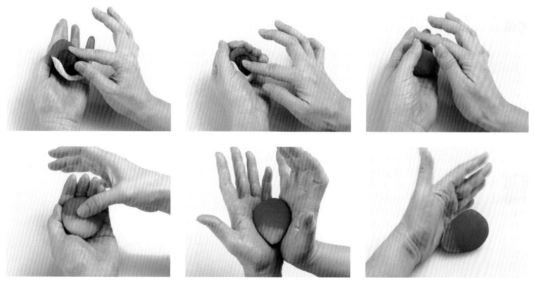

**3** 翻面将红豆沙内馅包起来，用右手食指将内馅下压使它固定，收口以后再翻正面，搓成微扁圆形状，让橘红色区域占整体的2/3。再利用双掌集中托高，将果子整成蛋形，使整体能呈45度角斜立。

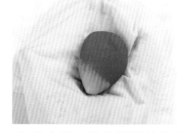  

**4** 将和果子放在微湿的纱布上包起来，将纱布的皱褶捋顺，收尾在橘红色那头，再旋紧纱布。

5 用力拉扯让纱布皱褶吃进果子里，橘红色区域皱褶纹路尽量压宽一点。

6 用三角棒在整体的1/5处切一道弧线。

7 继续用三角棒加深花瓣上的一些纹路，花瓣边缘切一些锯齿痕。

8 然后用右手食指和拇指微捏一下黄色那头，使花形更加鲜活。

9 接着做花蕊，搓一条2厘米长的黄色练切置于弧线处，使花蕊一端线条上扬。

·赏味期·

冷冻保存**7**天
冷藏保存**2**天

10　在花蕊上扬端两侧用丸棒戳4~5个洞，再借助插针把搓成小圆形的黄色练切分别放入洞中完善花蕊造型。

**Emily**

**老 师 说**

　　这朵属于炎炎夏日、性感热情的扶桑花，也是我的原创。其实是苦思多年，终于在某天灵光乍现，何不做扶桑花的特写呢，将其纹路很深、花蕊很长的特征表现出来？因为是特写，所以细微的线条需更加斟酌，扶桑花在风中律动的感觉和黄色花蕊上扬的线条形成对比，会让整朵花更有生命力。

　　记得小时候上学途中常常随手摘朵扶桑花，抽出花蕊，吸吮甜甜的花蜜。据说夏威夷女郎若是把扶桑花插在左耳上方，表示你是我所希望的爱人，放在右耳上方则表示我已经有爱人了，至于两边都插上花朵，大概是表示我已经有爱人了，但是希望再多一个，真有趣的暗示！

原创

花语·忘忧

萱草

かやくさ

秋季 处暑（しょしょ，Shosho）8月22、23或24日|天气渐凉 难度 ★★★☆☆

浮云游子他乡远行，遥念母亲寸寸慈心，
忘忧解愁萱草花海，扬声齐诵思母情怀。

❀ **材料** 1个（皮24克和4克、内馅15克）

橘色练切 ——— 24克　　抹茶内馅 ——— 15克
黄色练切 ——— 4克　　黄色练切（花蕊）——— 少许

❀ **主要工具**

棉质纱布、三角棒、丸棒、插针

❀ **做法**

1 将橘色练切先搓圆，再压扁成圆形，在中央用手指捅一个洞但不要捅穿。

2 将黄色练切放入洞里压扁。

3 翻面在中央慢慢拨出黄色练切，形成直径约1厘米的黄晕。※中央渐层做法请参见p.027。

4 翻面将抹茶内馅包起来，用右手食指将内馅下压使它固定，左手旋转，收口以后翻正面，确认黄晕在中央后搓圆。

5 在中央用丸棒戳一个小
洞做记号。

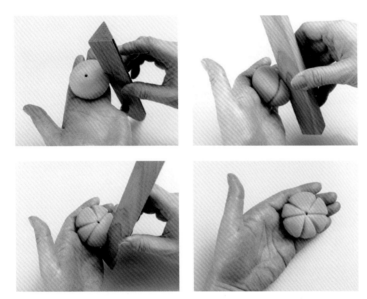

6 用三角棒切出大小相间的6瓣花瓣。

7 用左手拇指、右手食指和拇指一起捏出花瓣的尖角。

8 把纱布盖在花上面，用丸棒连同纱布一起在中央戳一个洞。

9 然后在3个大花瓣上用丸棒压出凹陷，在3个小花瓣上用插针划线。

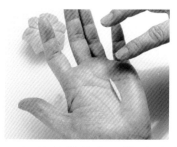  

· 赏味期 ·

冷冻保存**7**天
冷藏保存**2**天

10 接着做花蕊，搓3根各长2厘米的黄色练切，如图摆放在花中央。

11 然后用丸棒从中央压下去，使两端翘起来，再微调花蕊的曲线，完成。

---

**Emily**

**老师说**

　　这朵花也是我的原创，重点在于整朵花是类似百合花的样子，花瓣往后翻，所以制作花瓣时应尽量降低花尖的位置。

　　萱草在台湾就是大家耳熟能详的金针花，《本草纲目》介绍它有止渴消烦、除忧郁宽胸襟、令人心平气和的功效，所以又名"忘忧草"。"谁言寸草心，报得三春晖"中的草就是指萱草，从这个层面上讲，萱草也是中国的母亲花，等同于欧美的康乃馨。

# 水鸟

みずとり｜寓意：玲珑可爱

繁花落尽惊动候鸟，春秋之际相遇晨曦，
振翅而飞翩然而至，守候着天地的寂寥。

❀ **材 料** 1个（皮20克和8克、内馅15克）

| | | | |
|---|---|---|---|
| 黄色练切 | 20克 | 抹茶内馅 | 15克 |
| 白色练切 | 8克 | 黑芝麻 | 1粒 |

❀ **主 要 工 具**

棉质纱布、丸棒

✿ **做 法**

1 将黄色和白色练切各搓成椭圆形，用手掌压扁成半月形，再叠拼成圆形。

2 用拇指指腹拨黄色与白色交接处，做出渐层的效果。※贴的渐层做法请参见p.025。

3 翻面将抹茶内馅包起来，用右手食指将内馅下压使它固定，将皮不断往上托高延展，收口以后再翻正面，确认头尾位置后整成蛋形，使整体能呈45度角斜立。

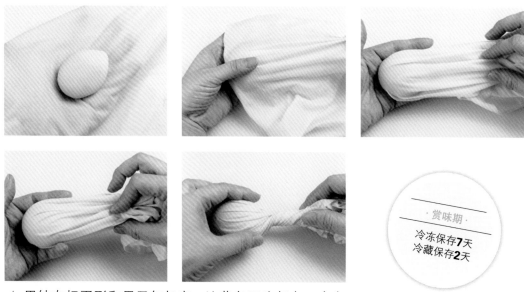

· 赏味期 ·

冷冻保存**7**天
冷藏保存**2**天

4 用纱布把蛋形和果子包起来，让黄色那头朝左、白色那头朝右，将纱布的皱褶捋顺，收尾在白色那头，再旋紧纱布。

 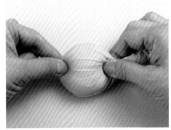 

5 用双手拇指和食指捏住蛋形和果子左右两边，让手指压进和果子约半个拇指大小。

6 双手用力往两边拉扯，让纱布皱褶吃进和果子里，使水鸟的颈部凹陷下去，分出鸟的头部和身体。

7 打开纱布，用双手拇指压住将多余练切弄掉，让左右凹陷更明显。

8 把左边肚子推进去修圆一点，鸟尾也修翘一点比较有精神。

9 用丸棒挑黑芝麻粘在靠近鸟嘴的部位当眼睛，完成。

**Emily**

**老师说**

让纱布皱褶吃进和果子里之前，先确认纹路是否刚好落在羽毛处，如此才会自然。贴眼睛时，记得芝麻圆头朝前尖头朝后，如此水鸟看起来才不会很奸诈。

春季4、5月是关渡水鸟过境北返繁殖地的高峰期，此时正是全年最佳的赏鸟时期。另一个高峰期则在秋季9、10月水鸟南下过境的时候。

野菊

のぎく（金团练切）

花语：沉默而专一的爱

簇簇金黄默默开在山脚下，
不问清香不问娇贵，
有如邻家女孩般的存在。

❀ **材 料** 1个（皮20克和10克、内馅15克）

橘色练切 ———— 20克　　　红豆沙内馅 ———— 15克
黄色练切 ———— 10克

❀ **主要工具**

棉质纱布、方孔筛网、尖头筷子

❀ **做 法**

**1** 纱布打湿再拧干铺平，再把方孔筛网放在上面，将橘色和黄色练切各分一半搓圆，再用双手压扁，将其叠放在方孔筛网上，用手掌以往外推的方式压出粗丝。

2 移开方孔筛网，左手拿红豆沙内馅，右手拿尖头筷子，将掉落在纱布上的粗丝练切夹起贴附在内馅上。

3 先将较散的碎屑贴附在内馅底部，再开始装饰周围和顶部。

· 赏味期 ·
冷冻保存**7**天
冷藏保存**2**天

4 把橘色和黄色练切剩下的另一半再通过方孔筛网压出粗丝。

5 新压出的粗丝用来补充空缺。整体呈圆球状，没有空缺就完成了。

**Emily**

老师说

作品形状形似一个金团，制作看似简单其实不然，在压出丝时就要考虑需要多长的丝，丝往下散落时也要顾及夹取时的方便性，不能全部落在同一位置，否则会全黏在一起不好夹。还有丝贴附好后，不能用尖头筷子反复压它或是调整，这样会把自然的纹路破坏了。

制作金团，除了用练切皮以外，还可以用煮硬一点的羊羹，因应主题还可以在金团上放置小花、叶子或者有色颗粒等，以求较为抽象的意境。

花语：真心

くり

# 栗子

堆盘栗子炒深黄，客到长谈索酒尝。

寒火三更灯半炧，门前高喊灌糖香。

※炧指没点完的蜡烛，也泛指灯烛。

（出自无名诗）

❀ **材 料** ｜5个（皮25克/个、内馅15克/个）

| | | | |
|---|---|---|---|
| 低筋面粉 —— 5克 | | 盐 —— 0.5克 | |
| 糯米粉 —— 1克 | | 白芝麻 —— 少许 | |
| 片栗粉 —— 1克 | | 水麦芽（水饴）—— 少许 | |
| 红豆沙 —— 125克 | | 甘薯内馅 —— 75克 | |

❀ **主要工具** ｜

钢盆、棉布、蒸锅、平底锅、研磨钵、三角棒

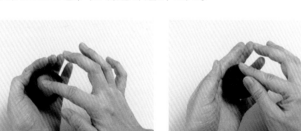

❀ **做 法** ｜

·赏味期·

冷冻保存**7**天
冷藏保存**2**天

**1** 将粉类、红豆沙、盐一起放入钢盆，充分混合搅拌。

**2** 拌好后分成小块，放入铺上棉布的蒸锅，蒸20分钟。

**3** 蒸好取出，用棉布反复揉搓成团，然后用保鲜膜包好冷却。

**4** 把白芝麻放入平底锅以小火干炒至略上色，用研磨钵磨碎备用。

**5** 用等量的水和水麦芽调成蜜水，用手蘸蜜水将红豆皮分成25克的小团，搓圆用手压扁，然后包入甘薯内馅，用右手食指将内馅下压使它固定，左手旋转，收口，利用双掌集中托高，将和果子整型。

6 栗子尖的造型可以用双手食指挤出，中心微凹的曲线可以用右手拇指下方手掌的部位完成。

7 用三角棒带双线的那条棱，在栗子下方1/3处划一下。

8 把白芝麻碎放在小盘中，将栗子下缘蘸白芝麻碎，完成。

**Emily**

**老师说**

　　因为红豆练切较黏，所以造型相当不易，需用蜜水防粘，过程中记得手保持干净，若是已经满手红豆沙了，宁可洗手擦干再做。每个人做的栗子都不尽相同，所以不必太在意相似度的问题。

　　虽然我称这红豆皮为红豆练切，但是它在日本的真正名字叫作"こなし，ko na shi"，口感不输练切，但是不适合做较细致的纹路。因为是蒸的所以有独特的弹性和风味，在技术上必须相当熟练才能顺利完成。

红枫
もみじ
花语・坚毅

深秋来临，

枝头枫叶倏地转红片片飘落。

传说，

在初冬最后一片红枫落地前捧在手心许愿，

悄然出现的会是朝思暮想的伊人……

❀ **材 料** ┃1个（皮20克和8克、内馅15克）

红色练切 ———— 20克　　　红豆沙内馅 ———— 15克
黄色练切 ———— 8克

❀ **主 要 工 具** ┃

三角棒、插针

❀ **做 法** ┃

1 将红色和黄色练切各搓成椭圆形，用手掌压扁成半月形，再叠拼成圆形。

2 用拇指指腹拨红色与黄色交接处，做出渐层的效果。※贴的渐层做法请参见p.025。

3 翻面将红豆沙内馅包起来，用右手食指将内馅下压使它固定，左手旋转，收口，搓成圆形，让红色区域占整体的3/4。

4 正面朝下轻压取一个平面后，用双掌托住背面集中托高，然后使整体能呈45度角斜立。

5 用三角棒先切出0.2厘米宽的叶梗，再分割出枫叶的7个裂片。

6 7个裂片以叶梗为中心左右对称，叶梗对面的裂片最大，越靠近叶梗的裂片越小。

7 用左手拇指、右手食指和拇指捏出叶尖的细节，7个裂片都用同样做法。

8 再用插针从叶梗处往外呈放射状划出3条曲线（叶脉）。

9 用三角棒在裂片边缘切满锯齿痕。

·赏味期·

冷冻保存**7**天
冷藏保存**2**天

**Emily**

**老 师 说**

　　枫叶以如此具象的方式呈现，就得讲究动感，比如整体往右偏斜，好像叶子被风吹起的感觉；3条曲线由叶梗处往外延伸必须恰到好处地结束在叶尖附近，而不是随意划出，这样才能表现出写意的枫叶和果子。

　　这算是上生果子中的定番造型，也是彰显职人手感最直接的造型，凭借职人日常的观察力和感受力，枫叶的动感表现各自不同，即便是恒久的定型款，也一直深受喜爱。

丹顶鹤

たんちょうづる

寓意：吉祥、忠贞、长寿

仙鹤清音迎晓月，一点丹心眉宇挂，
展翅翱翔、绰姿令人羡。
古有云：体尚洁，故色白；声闻天，故头赤。
山林匿仙踪，见者添喜乐。

### ✿ 材料 | 1个（皮22克和5克、内馅15克）

白色练切 ——— 22克     红色练切 ——— 少许

蓝色练切 ——— 5克      黑芝麻 ——— 1粒

甘薯内馅 ——— 15克

### ✿ 主要工具 |

棉质纱布、丸棒

### ✿ 做法 |

1 将白色和蓝色练切各搓成椭圆形，用手掌压扁成半月形，再叠拼成圆形。

2 用拇指指腹拨白色与蓝色交接处，做出渐层的效果。※贴的渐层做法请参见p.025。

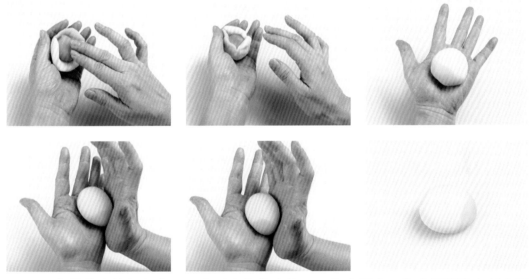

3 翻面将甘薯内馅包起来，用右手食指将内馅下压使它固定，将皮不断往上托高延展，确认头尾位置后捏成蛋形。

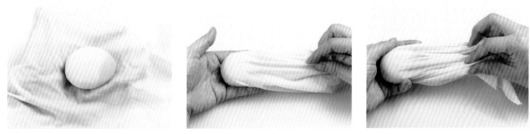

4 让白色那头朝左、蓝色那头朝右，用纱布将和果子包起来，捋顺皱褶后，在蓝色那头收尾。

·赏味期·

冷冻保存**7**天
冷藏保存**2**天

**5** 右手固定好皱褶，左手拇指和食指上下用力捏住果子，做出鹤的喙尖。

**6** 把果子从纱布里拿出来，用丸棒在鹤的喙尖附近戳洞，把少许红色练切搓成水滴状放入洞中，尖头朝蓝色区域当作鹤冠。

**7** 用丸棒挑黑芝麻粘在红色的鹤冠下方当眼睛，完成。

---

### Emily
#### 老师说

这是一只弯下脖子正在休息的丹顶鹤，所以喙尾相连，当然鹤脚就不做了。鹤冠的位置不能离鹤尾太远，否则就把头长到肚子上了！蓝色鹤尾的布纹是表现鹤的翅膀的重点，进行步骤5时要左右拉扯一下让布纹吃进果子里，才能展现生动的翅膀。

丹顶鹤又被称为仙鹤，除非丧偶，丹顶鹤一生只认定一位伴侣，成年丹顶鹤寻找伴侣时，会先两两共舞，如果频率相合，自然就成对了！日本北海道特别设立了丹顶鹤自然公园来保护和繁殖濒临绝种的丹顶鹤，所以我们随时都可以在这个公园里近距离地欣赏丹顶鹤的英姿，不用等到它们迁徙时。

原创

# 银杏

いちょう

花语：坚韧、沉着

千年圣树并列于神宫外苑，
守护川流不息的历史。
入冬之前几回朝暮落下黄金雨，
闭上眼转换所有扰攘沉浸在金色宁静中。

✿ **材 料** ┃ 1个（皮20克和8克、内馅15克）

黄色练切 ———— 20克　　抹茶内馅 ———— 15克
白色练切 ———— 8克

✿ **主 要 工 具** ┃

棉质纱布、三角棒、插针

✿ **做 法** ┃

1　将黄色和白色练切各搓成椭圆形，用手掌压扁成半月形，再叠拼成圆形。

2　用拇指指腹拨黄色与白色交接处，做出渐层的效果。※贴的渐层做法请参见p.025。

3　翻面将抹茶内馅包起来，用右手食指将内馅下压使它固定，将皮不断往上托高延展，收口以后再翻正面，搓微扁圆形状，让黄色区域占整体的2/3，利用双掌集中托高。

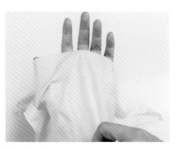

4　将白色那头用双掌夹扁变薄。把整颗果子放入纱布中捋顺皱褶，收尾固定在白色那头。

5 将包着纱布的果子放在左手掌心，纱布收尾的地方朝下，用右手拇指大力压住白色区域，让皱褶吃进果子里。

6 把果子从纱布里拿出来，用双掌夹尖，再用三角棒从中央切一道痕直到底部。

7 用右手拇指、左手食指和拇指，将左右开裂的银杏叶推成三角形。

8 再把白色区域捏靠近一点，使整体呈扇形。

· 赏味期 ·

冷冻保存**7**天
冷藏保存**2**天

9 再用三角棒在左右开裂的银杏叶中间，各切一小道裂痕。

10 然后用插针加强银杏叶上的纹路，完成。

**Emily**

**老 师 说**

　　这是我10年前在日本果业振兴会的得奖作品之一。那时候银杏通常是用外郎皮来制作，很少用练切皮来做。为了找灵感来到神宫外苑的我被一整排银杏叶铺就的金黄色道路感动，由此而创作了这个作品。原本是用擀面杖弄出银杏叶的扇形，但因为技术门槛太高，我把它改成用纱布成形，并在体验课上推广这个方法。

　　使整体呈扇形时，左右开裂的银杏叶的三角形一定要做得立体一点，否则银杏没做成倒变成一串香蕉了！

花语：自由的勇士

# 雪花姬

ゆきひめ

极地灵光映雪白，舞动寒风炫英姿，嘶嚣卷起通天际，欲报佳音贺岁寒。

❀ **材 料** 1个（皮8克和20克、内馅15克）

| | | | |
|---|---|---|---|
| 白色练切 | 8克 | 黄色练切 | 少许 |
| 蓝色练切 | 20克 | 金箔 | 少许 |
| 红豆沙内馅 | 15克 | | |

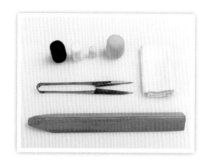

❀ **主 要 工 具**

棉质纱布、三角棒、剪菊刀

❀ **做 法**

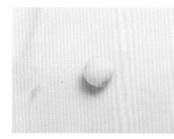

1 将白色练切搓圆，放在纱布里压扁成如水饺皮一般，直径约6厘米。

2 把蓝色练切包进白色外皮里，左手一边旋转一边握拳，用右手食指将蓝色练切下压使它固定，帮助白色皮往上延伸，尽量不弄破白色外皮。

3 包好以后再用手掌压成直径约6厘米的皮。

4 再用这块泛蓝色的皮将红豆沙内馅包起来，用右手食指将内馅下压使它固定，可帮助泛蓝色的皮往上延伸，此时泛蓝色外皮已经变得很薄，手指施力尽量均匀，避免把皮弄破。

5 收口以后翻正面，利用双掌将果子整理成微扁圆形状，确认整体是否圆润无凹陷。

  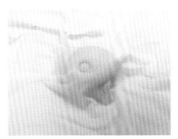

6 用纱布盖住果子，再用三角棒的尖端压中央偏左边的位置做记号。

7 然后拿剪菊刀由做记号的圆心开始剪一圈花瓣，第一圈尽量小然后再依序变大，每一圈都与上一圈花瓣交错，直到剪至最下层，通常8~9层就差不多到底部了。

8 接着把少许黄色练切搓圆放入三角棒蕊心，压入做记号的花蕊位置。

9 最后放上金箔装饰，完成。

· 赏味期 ·

冷冻保存**7**天
冷藏保存**2**天

**Emily**

**老 师 说**

这朵旋风状雪花姬，是继我的代表作粉红菊姬之后的创作，有别于菊姬均匀放射状的造型，雪花姬从一开始就先偏一边做旋转的样子，所以在第3层至第4层的地方，就要开始打斜剪，每增加一层，斜度也增加一点，然后每剪几刀就要擦拭一下剪刀，否则花瓣容易粘连，造成断裂。

剪菊是日本和果子检定考的一级考题，题目是剪一个拳头大小约16层的大菊花。记得在东京制果学校毕业考时，我的分数与另一名同学并列第一名，但是他的菊花有17层，我的却只有15层，虽然比规定的16层上下浮动一层都在合格范围内，同学们还是纳闷为何我比另一名同学少两层却还会同分，老师说17层的花工很细很整齐，像是用电脑计算的一般很厉害，而15层的花一眼看过去就像一朵盛开的菊花令人舒畅，是两种不一样境界的表现，这是老师们决定给同分的原因。所以剪菊真的是一门很深奥的学问，不是数据能够衡量的，我还是会继续研究更美的更有生命力的剪菊。

椿花
<ruby>椿<rt>つ</rt>花<rt>ばき</rt></ruby>

华艳的外形凄美的天性，
大无畏以英雄之姿落地，
令多少能人志士垂爱，
美得令人屏息的联想，
永远回荡在人们心中。

花语：我的命运交付在你手中

❀ **材 料** ｜1个（皮20克和8克、内馅15克）

| | | | |
|---|---|---|---|
| 红色练切 | 20克 | 黄色练切 | 少许 |
| 白色练切 | 8克 | 绿色练切 | 少许 |
| 红豆沙内馅 | 15克 | | |

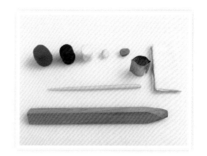

❀ **主 要 工 具** ｜

棉质纱布、三角棒、丸棒、叶子压模

❀ **做 法** ｜

1 将红色和白色练切各搓成椭圆形，用手掌压扁成半月形，再叠拼成圆形。

2 用拇指指腹拨红色与白色交接处，做出渐层的效果。※贴的渐层做法请参见p.025。

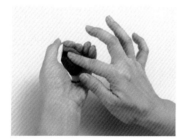  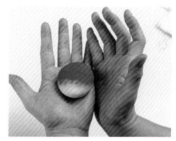

3 翻面将红豆沙内馅包起来，用右手食指将内馅下压使它固定，将皮不断往上托高延展，收口以后再翻正面，搓成微扁圆形状，让红色区域占整体的2/3。

 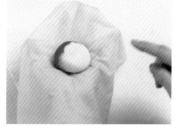 

  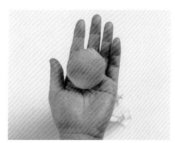

4 将和果子正面朝下放在纱布上包起来，把纱布的皱褶捋顺，将果子夹在左手食指和中指之间。

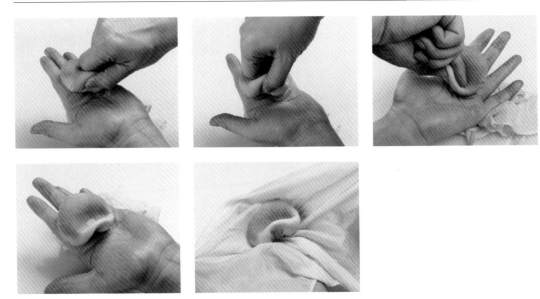

5 用右手食指和拇指去捏果子的下半部，用力捏出一个像唐老鸭嘴巴的形状。

  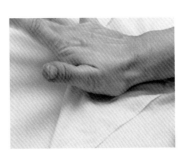

6 慢慢打开纱布把果子取出，调整一下唐老鸭嘴巴的曲线。

·赏味期·

冷冻保存**7**天
冷藏保存**2**天

7 拿三角棒在红色区域的左边切一道曲线。

8 将少许黄色练切搓圆放在花的右下方，用丸棒戳一个洞完成花蕊制作。

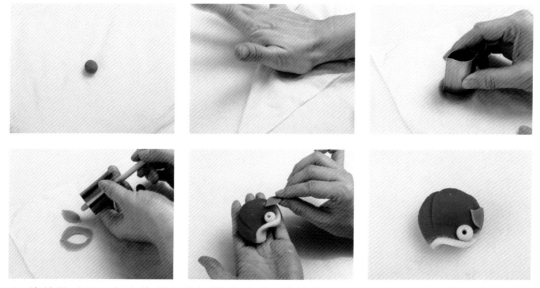

9 接着做叶子，把少许绿色练切搓成圆形，放纱布里压平，再用叶子压模压出叶片，贴在花的右边，完成。

---

**Emily**

**老 师 说**

　　日本椿花是众多山茶花中的一种，花瓣肥厚，色彩鲜艳，凋谢时是整朵花掉下来，极为壮烈。日本栽培椿花多达2 000种以上，椿花不仅用于庭园装饰，还会用在茶会、祭典等正式的场合。著名的《百椿图绘卷》中记载了椿花的各类装饰法则，自古以来受到日本文人雅士的喜爱。

　　步骤7红色区域左边的曲线，要切出一个椿花花瓣的圆弧，这是一项不容易掌握的技术，只能靠不断的练习才能掌握。再者就是如唐老鸭嘴巴的形状要有斜度，有波浪的律动感，这是使整朵花活灵活现的重点。

花语：纯洁的爱情

ラッパスイセン

# 黄水仙

凌波仙子缀池畔，淡泊不识人间妆，

朴素无华高群品，耐人寻味玉露香。

### 材料 1个（皮20克和8克、内馅15克）

| | | | |
|---|---|---|---|
| 黄色练切 | 20克 | 绿色练切 | 少许 |
| 白色练切 | 8克 | 白色练切（水仙花） | 少许 |
| 抹茶内馅 | 15克 | | |

### 主要工具

棉质纱布、丸棒、水仙花压模

### 做法

1 将黄色和白色练切各搓成椭圆形，用手掌压扁成半月形，再叠拼成圆形。

2 用拇指指腹拨黄色与白色交接处，做出渐层的效果。※贴的渐层做法请参见p.025。

3 翻面将抹茶内馅包起来，用右手食指将内馅下压使它固定，将皮不断往上托高延展，收口以后再翻正面，搓成橄榄球状，黄色和白色上下对称，让白色区域占整体的1/3。

4 将和果子横放在纱布上面，抓另一端把纱布盖上，开始横向将纱布的皱褶捋顺，再旋转纱布。

5 皱褶捋顺以后，两端用力拉扯纱布，让皱褶吃进果子里。

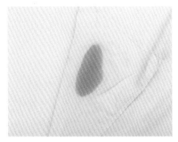

6 接着做叶子，把少许绿色练切搓成长条状，放纱布里压平，再用刀子切成宝剑形状。

7 水仙叶尖朝黄色那头直贴在中央，用丸棒在尖头右侧戳一个洞。

8 把少许白色练切搓圆，放纱布里压平后用水仙花压模压出水仙花，放在叶子旁的洞上，再戳一次固定。

9 最后用少许黄色练切（分量外）搓圆放在水仙花中央，再用丸棒在中心戳一个洞，完成。

**Emily**

**老师说**

　　这朵黄水仙是我在日本参加和果子职业级比赛时的得奖作品之一，最难的当然是做布纹的地方了！记得压布纹以后果子的形状仍然维持橄榄球状才可以，当然若是想加深一下纹路，可以用三角棒再轻轻切两下，只要线条柔顺不僵硬就可以了！

　　后来我发现台湾很多人喜欢用黏土模仿这朵花，或许是因为它像一幅百看不厌的图画吧，创作本身若是带着趣味一定会得到共鸣的。

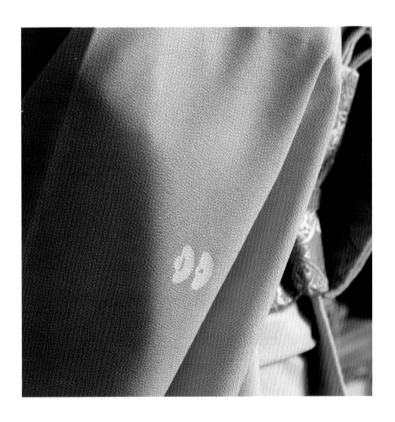

山茶花 さんか

花语：魅力

冬雪飘飘，花开似朝霞；
一片枯荣，红颜映白纱。
倾国佳人迷倒众生的魅力
在凛冽风雪里娇艳绽放。
都市丛林中的晦暗难掩其光彩，
镁光灯下一室芳菲。

✿ **材料** 1个（皮20克和8克、内馅15克）

| | | | |
|---|---|---|---|
| 白色练切 | 8克 | 黄色练切 | 少许 |
| 粉红色练切 | 20克 | 绿色练切 | 少许 |
| 甘薯内馅 | 15克 | | |

✿ **主要工具**

棉质纱布、木板、丸棒、叶子压模

✿ **做法**

1 将白色练切搓圆，放在纱布里压扁成如水饺皮一般，直径约6厘米。

2 把粉红色练切搓圆包进白色外皮里，左手一边旋转一边握拳，将外皮托高延展，尽量不弄破白色外皮。

3 包好收口以后，再压成直径约6厘米的皮。

4 用这块泛粉红色的皮把甘薯内馅包起来，手指施力尽量均匀，避免弄破泛粉红色外皮。

5 收口以后再翻正面，整理成微扁圆形状，使整体能呈45度角斜立。

6 用木板的角先在正面做一个记号，利用木板的直角结构，压出山茶花如海鸥形状的抛物线。

7 然后在抛物线中心点，用丸棒戳一个洞。

8 取少许黄色练切粘在丸棒尖头处，捏成水滴状。

9 再插入步骤7戳的洞里做成喇叭形花蕊。

10 接着做叶子，把少许绿色练切搓成圆形，放纱布里压平，再用叶子压模压出叶片，贴在果子左下方。

· 赏味期 ·

冷冻保存**7**天
冷藏保存**2**天

11 最后用食指在花的右上方与叶子呼应处压出一处凹陷，完成。

---

**Emily**

**老师说**

　　看似简单却不简单的造型往往都很耐看，这朵花就是一个经典。海鸥形状的抛物线是最难的部分，通常要一次搞定，稍有犹豫就会露出破绽，所以要胆大心细才行。另外，喇叭形花蕊切勿太大，如果太大会很滑稽。

　　山茶花和椿花非常相似，常令人难以分辨，其实凭借它们凋零时的状态就可以辨识，山茶花会以花瓣纷纷掉落的方式凋零，而椿花则是整朵花连同花蕊一起掉落。日本武士最忌讳椿花，其断头般的影射，令武士们纷纷规避。

# 羊羹类

## よ う か ん る い

羊羹源自中国，经遣唐使传入日本。
羊羹里没有羊肉为何叫羊羹呢？
其实羊羹在唐代就是羊肉熬煮成的羊肉冻；
后来在镰仓时代至室町时代传入日本后，
因僧侣戒律不能食荤，
故用色泽相近的红豆泥替代羊肉，
羊肉有胶质冷却后会冻结，但红豆不能，
所以用寒天来凝固红豆。
羊羹甚至成为茶道中不可或缺的点心，
从此，慢慢进化成各种寒天类的果冻。
寒天的种类有寒天条、寒天丝、寒天粉等形态，
可以依照透明度的需求运用其特性。
变化万千的羊羹果子，
技术难度不亚于练切果子，
它可以是一幅画、一道风景，
更是专属夏季的美味点心。

基本款❶

本炼羊羹
ねりようかん

难度 ★ ☆ ☆ ☆ ☆

✿ **材料** 9个

水 —— 180毫升
寒天粉 —— 5克
白砂糖 —— 200克
颗粒红豆馅 —— 350克
水麦芽（水饴）—— 8克

✿ **主要工具**

单柄锅、橡皮刮刀、木勺、模具（13.5厘米×15厘米）、玻璃碗、片刀、木板、平铲、木尺、砧板

※如果想要降低糖分，可用40~60克海藻糖替代等量的白砂糖，海藻糖同时有助于提升羊羹的保湿耐冻性。

## ❀ 做法

1　将水和寒天粉倒入锅中用中火加热，不断搅拌，防止粘锅。

2　煮至完全沸腾后，加入白砂糖和颗粒红豆馅充分混合，继续熬煮。

3　一直搅拌至呈黏稠状时，再加入水麦芽，略煮一下让光泽出来。

4　沸腾之后熄火，隔水用橡皮刮刀慢慢搅拌以降温，降到约50℃。

5　再倒入用水喷湿的模具里，接着放到搁了木板的平台上轻敲几下以排出空气，让表面平整，不要有气泡。常温下冷却凝固。

　※模具先喷湿是为了好脱模。

**6** 可用平铲协助脱模。将羊羹倒在喷湿的砧板上，用刀
切成3厘米×4.5厘米的小块，完成。

※可以用木尺辅助量出位置，每一刀切完要用湿布擦干净，
再切下一刀，而且切的时候要垂直下刀，不能切歪了。

---

**Emily**
___
**老师说**

寒天种类与比例 寒天条1支＝寒天丝8克＝寒天粉3.5克

寒天特性

· 寒天条：使用前必须泡一晚水，泡软才能煮，用于更需要寒天弹性
口感的和果子，但若熬煮火候过烈，或搅拌过猛，仍会失去弹性。

· 寒天丝：使用前必须泡水，泡软才能煮，口感会较为滑嫩，透明度
较寒天粉佳。

· 寒天粉：无须泡，直接加水化开就可熬煮，是最方便使用的寒天，
但是在口感上会比以上两种寒天偏硬一些。

基本款❷

# 抹茶水羊羹

まっちゃみずようかん

难度 ★★☆☆☆

## ❀ 材 料 ｜9个

| | | | |
|---|---|---|---|
| 水（1） | 225毫升 | 抹茶粉 | 2克 |
| 寒天粉 | 3克 | 白豆沙 | 375克 |
| 精细砂糖 | 75克 | 盐 | 1克 |
| 葛粉 | 2.5克 | 红豆蜜粒 | 少许 |
| 水（2） | 15毫升 | | |

※降低糖分的羊羹冷藏过程容易出水，可用22.5~37.5克海藻糖替代等量的精细砂糖，不仅可降低糖分，还可预防脱水现象。

## ❀ 主要工具

单柄锅、橡皮刮刀、木勺、玻璃碗、茶筅、木板、平铲、模具（13.5厘米×15厘米）、片刀、木尺、砧板

## ❀ 做 法

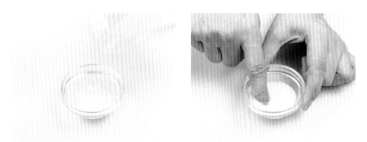

1 葛粉加水（2）中的一半拌匀化开备用。

2 抹茶粉加水（2）中的另一半，用茶筅打匀备用。

3 将水（1）和寒天粉倒入锅中加热，搅拌均匀，煮至沸腾，继续加入精细砂糖再煮沸，制成透明锦玉羹。用玻璃碗盛一点出来备用。

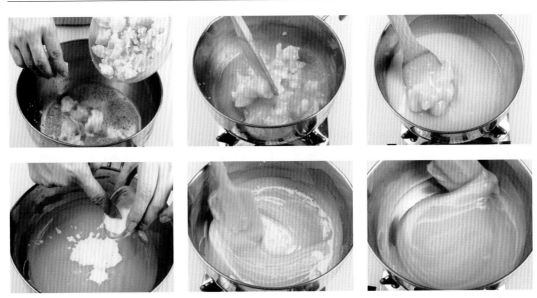

4 在煮沸的锦玉羹中加入白豆沙搅拌至呈黏稠状，再将葛粉液慢慢倒入充分混合，用
　橡皮刮刀搅拌，避免结块。

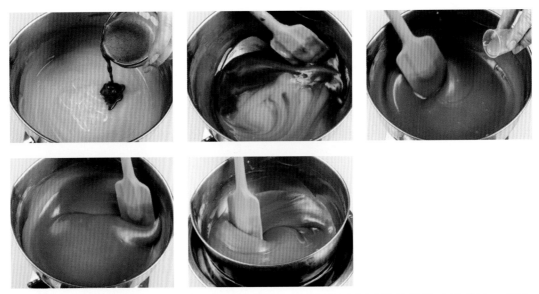

5 继续加入抹茶粉液充分混合，快煮沸前加入盐（盐以分量外的等比水溶解），拌匀
　至呈丝绸状，沸腾后隔水降一下温。

6 再倒入喷湿的模具里，接着放到搁了木板的平台上轻敲几下以排出空气，让表面平整，不要有气泡。常温下冷却凝固。

※模具先喷湿是为了好脱模。

· 赏味期 ·
不可冷冻，冷冻会脱水
冷藏保存**7**天

7 脱模时可用平铲协助，慢慢倒在喷湿的砧板上，用刀切成3厘米×4.5厘米的小块。

8 把红豆蜜粒蘸些先前预留的透明锦玉羹，再装饰在羊羹上，完成。

基本款❸

# 琥珀锦玉羹

こはく きんぎょくかん

难度 ★★★☆☆

※直接减糖会改变羊羹口感，如果
想要降低糖分，可用20~60克海
藻糖替代等量的精细砂糖，海藻
糖还可预防糖结晶。

## ❀ 材料 | 3个

| | | | |
|---|---|---|---|
| 水 | 150毫升 | 水麦芽（水饴） | 25克 |
| 寒天粉 | 3克 | 黄色食用色粉溶液 | 少许 |
| 精细砂糖 | 200克 | 金箔 | 少许 |

## ❀ 主要工具 |

单柄锅、橡皮刮刀、模具（6.5厘米×13厘米）、玻
璃碗、圆汤勺、筷子、木板、平铲、片刀、木尺、
砧板

❀ **做 法**

  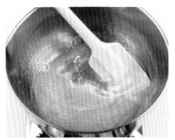

1 将水加入锅里再将寒天粉倒入，用橡皮刮刀搅拌均匀，开中火煮至沸腾，再加入精细砂糖，一直熬煮至呈黏稠状，温度在100℃以上。制成透明锦玉羹。

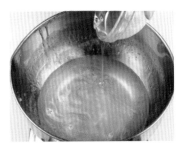  

2 加入水麦芽，充分混合后熄火，加入黄色食用色粉溶液，用余热拌匀化开，调成琥珀色。

※黄色食用色粉事先用少许的水溶解，成为黄色色粉溶液。

3 再次煮沸后，隔水降一下温。

4 在喷湿的模具内倒入约1/4的锦玉羹，用筷子轻夹一些金箔放到表面作装饰，待半凝固时，用圆汤勺舀入一层薄薄的锦玉羹盖在上面，以固定金箔不移位。

※模具先喷湿是为了好脱模。

5 静置一会儿，再慢慢将剩余的锦玉羹用圆汤勺舀入模具。接着放到搁了木板的平台上轻敲几下以排出空气，让表面平整，不要有气泡。

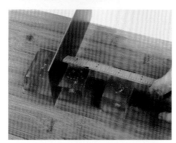

6 常温冷却凝固后，可用平铲协助脱模。将锦玉羹倒在喷湿的砧板上，用刀切成3厘米见方的小块，完成。

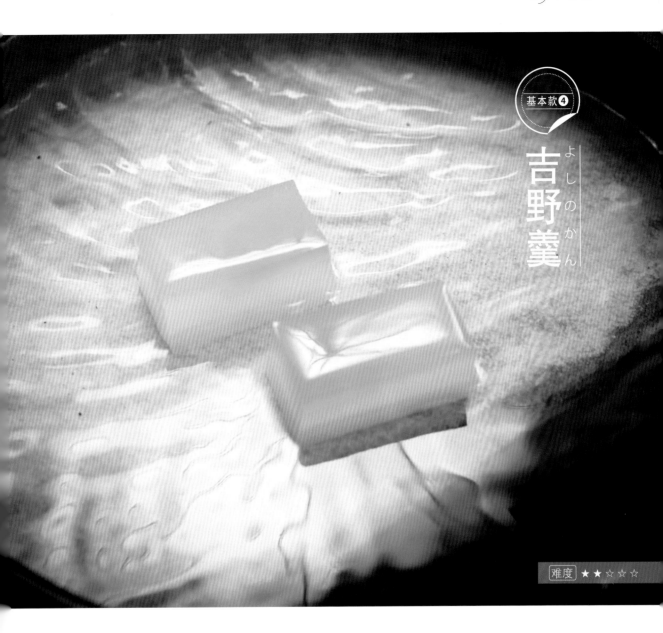

基本款❹

よしのかん
**吉野羹**

难度 ★★ ☆ ☆ ☆

※直接减糖会改变羊羹口感，如果
想要降低糖分，可用54~108克海
藻糖替代等量的白砂糖，海藻糖
还可使这款羊羹的口感更滑嫩。

### ❀ **材 料** ┃9个

| | | | |
|---|---|---|---|
| 水(1) | 300毫升 | 水(2) | 65毫升 |
| 寒天粉 | 6克 | 葛粉 | 22克 |
| 白砂糖 | 270克 | 蓝色食用色粉溶液 | 少许 |
| 水麦芽（水饴） | 75克 | | |

### ❀ **主 要 工 具** ┃

单柄锅、橡皮刮刀、玻璃碗、圆汤勺、搅拌棒（或
筷子）、模具（11.5厘米×13.5厘米）、木板、平
铲、片刀、木尺、砧板

❋ **做 法**

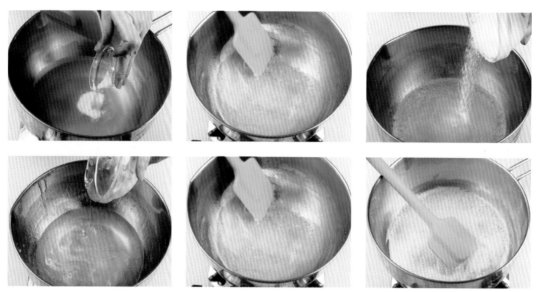

1 将水（1）和寒天粉加热搅拌，煮至沸腾后，加入白砂糖再煮沸，制成透明锦玉羹。

2 预先将水（2）、葛粉混合拌匀备用。

3 先倒一些透明锦玉羹到葛粉液中混合，再把混合液倒入剩下的锦玉羹中，全部充分混合再煮沸。

·赏味期·

可冷冻
冷藏保存**7**天

4 加入水麦芽，继续煮至剩500克为止，隔水用橡皮刮刀慢慢搅拌降温。

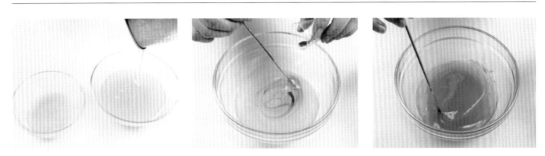

5 将步骤4所完成的透明羊羹分出一半，倒入蓝色食用色粉溶液，用搅拌棒调成蓝色。

※蓝色食用色粉事先用少许的水溶解，成为蓝色色粉溶液。

6 在用水喷湿的模具内倒入半盒蓝色羊羹，模具一侧用木板垫高，使蓝色羊羹倾斜。

7 等蓝色羊羹半凝固时，再倒入预留的透明羊羹，慢慢倒入填满模具，接着放到搁了木板的平台上轻敲几下以排出空气，让表面平整，不要有气泡。

8 室温冷却凝固后脱模，可以看到漂亮的渐层颜色。依照自己的喜好，切成长方形或正方形皆可。

※如果放在砧板上切，先把砧板喷湿更易操作。

难度 ★★☆☆☆

※ 如果想要降低糖分，可用64～
128克海藻糖替代等量的白砂
糖，海藻糖还可稳定已经打发的
蛋白气泡，使之不易消泡。

❀ **材料** |9个

水 ——240毫升          蛋白 ——25克

寒天粉 ——6克          白砂糖(2) ——20克

白砂糖(1) ——300克

❀ **主要工具**

单柄锅、橡皮刮刀、玻璃碗、打蛋器、电动搅拌
器、半月形模具（5.5厘米×24.5厘米）、平铲、片
刀、木尺、砧板

❀ **做法**

**1** 将水加入锅里再倒入寒天粉，用橡皮刮刀搅拌均匀，开中火煮至沸腾，加入白砂糖
（1），一直熬煮至呈黏稠状，温度在100℃以上。制成锦玉羹。

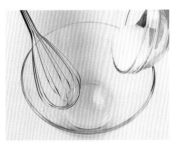  

**2** 另外准备玻璃碗，加入蛋白和白砂糖（2），用打蛋器打至起泡有光泽。

❋ **做 法**

3 再将步骤2打发的蛋白分多次一点一点倒入锦玉羹中，一边搅拌，一边打发成淡雪羹。

4 再用手持电动搅拌器将淡雪羹一直打到很白、膨松有光泽为止（约打1分钟）。

 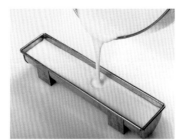 

5 将完成的淡雪羹倒入喷湿的半月形模具中，常温下冷却凝固。

  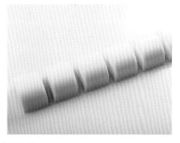

6 用平铲协助脱模，倒在喷湿的砧板上，用刀切成2.5厘米宽的块即可。

· 赏味期 ·

可冷冻
冷藏保存**5**天

# 春之雨

はるさめ（锦玉羹）

原创

春季 | 雨水（うすい，Usui）2月18、19或20日 | 雨水增加 | 难度 ★★★★★

## ❀ 材 料 | 9个

水 —— 200毫升

寒天粉 —— 6克

微粒子精制砂糖 —— 360克

水麦芽（水饴）—— 50克

蓝绿色食用色粉溶液 —— 少许

大德寺纳豆 —— 少许

灯芯草（水草）—— 数根

## ❀ 主 要 工 具 |

单柄锅、橡皮刮刀、玻璃碗、搅拌棒、圆汤勺、模具（11.5厘米×13.5厘米）、剪刀、筷子、平铲、片刀、木尺、砧板

这是我在日本参加比赛时的作品，

透明的锦玉羹可以变化万千，以增加颜色、配置装饰材料来表现季节感。

配置环节时间的掌控是难度所在，

乐趣在于永远不会有相同的作品出现。

❋ **做 法**

1　将水加入锅里再倒入寒天粉，用橡皮刮刀搅拌均匀，开中火煮至沸腾，再加入微粒子精制砂糖，一直熬煮至呈黏稠状，温度在100℃以上。制成透明锦玉羹。

2　加入水麦芽，充分混合后熄火，隔水降一下温。

3　把锦玉羹分出一半加蓝绿色食用色粉溶液调成蓝绿色，隔热水保温备用。

※蓝色和绿色食用色粉事先用少许的水溶解，成为蓝绿色色粉溶液。

4　在用水喷湿的模具内倒入薄薄一层透明锦玉羹。

5　待呈半凝固状时，在模具里计算距离，加入大德寺纳豆进行装饰，横的3颗、纵的3颗。

6 再用圆汤勺舀入薄薄一层透明锦玉羹，静置一会儿，将修剪好的灯芯草快速放入模具。

· 赏味期 ·

冷冻保存**10**天
冷藏保存**7**天

7 静置一会儿，把蓝绿色的锦玉羹一层层慢慢舀入模具里。

  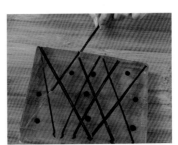

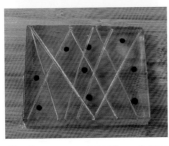  

8 常温凝固后脱模，去掉灯芯草，先推出灯芯草端头，再慢慢抽出整根。把羊羹切成3厘米×4.5厘米的小块，完成。

※抽出灯芯草时要小心，不要太用力，以免弄破羊羹。如果放在砧板上切，先把砧板喷湿更易操作。

原创

花吹雪

はなふぶき（羊羹＋锦玉羹）

羊羹加锦玉羹的做法，
让和果子的景深变得丰富，
层次也更为分明，
樱花花瓣分层配置会产生光影，
显得更加鲜活如同作画一般；
粉红色的染色要粉嫩高雅，
若用色过重就会觉得味道不佳。

春季 春分（しゅんぶん，Shunbun）3月20或21日｜昼夜平均 ｜ 难度 ★★★☆☆

✿ **材 料** 3个

[ 锦玉羹 ]

水 ——100毫升
寒天粉 ——3克
微粒子精制砂糖 ——180克
水麦芽（水饴）——25克

[ 羊羹 ]

水 ——140毫升
寒天粉 ——4克
白砂糖 ——150克
白豆沙 ——260克
水麦芽（水饴）——10克
粉红色食用色粉溶液 ——少许

[ 装饰花瓣 ]

粉红色练切 ——40克　白色练切 ——40克

✿ **主 要 工 具**

棉布、擀面杖、单柄锅、橡皮刮刀、玻璃碗、木勺、
圆汤勺、模具（6厘米×13厘米）、樱花压模、筷
子、平铲、片刀、木尺、砧板

❀ **做 法**

1 把粉红色练切和白色练切先搓圆，分别放在棉布上擀平，用樱花压模压出樱花花瓣，
　备用。

2 煮锦玉羹。将水加入锅里再倒入寒天粉，用橡皮刮刀搅拌均匀，开中火煮至沸腾，再
　加入微粒子精制砂糖，一直熬煮至呈黏稠状，温度在100℃以上。制成透明锦玉羹。

3 加入水麦芽，充分混合
　后熄火，隔水降一下
　温。

4 煮羊羹。将水和寒天粉加入锅中，加热搅拌煮至沸
　腾，再加入白砂糖和白豆沙，熬煮至呈黏稠状。

5 加入水麦芽和粉红色食用色粉溶液继续煮，完全沸腾后熄火，用橡皮刮刀慢慢搅拌隔水降温备用。制成粉红色羊羹。
※粉红色食用色粉事先用少许的水溶解，成为粉红色色粉溶液。

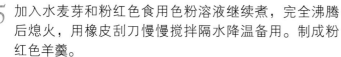

6 在用水喷湿的模具内，用圆汤勺舀入薄薄一层透明锦玉羹。

7 呈半凝固状时，在模具里计算距离，放入樱花花瓣装饰。

8 分层多次舀入锦玉羹和装饰花瓣，每层花瓣交错，红白相间。

9 呈半凝固状时，最后再将粉红色羊羹一层层慢慢、均匀地舀入模具内。

10 常温凝固后脱模，切成3.5厘米见方的小块，完成。
※如果放在砧板上切，先把砧板喷湿更易操作。

· 赏味期 ·
冷冻保存**10**天
冷藏保存**7**天

紫阳花

あじさい（半锦玉羹＋淡雪）

淡雪羹的做法有两种，

一种是将打发的蛋白加入锦玉羹中，整体比较轻柔，有空气感；

另一种是将锦玉羹倒入蛋白中再打发，整体沉重些。

没加豆沙的寒天液叫锦玉羹，

加入少量豆沙的叫半锦玉羹，锦玉羹里加入蛋白的就叫淡雪羹。

❋ **材料** ｜15个（总重45克/个、内馅15克/个）

[内馅]

| | |
|---|---|
| 白豆沙 ——— 220克 | 柚子果酱 ——— 20克 |

[半锦玉羹]

| | |
|---|---|
| 水 ——— 600毫升 | 白豆沙 ——— 200克 |
| 寒天粉 ——— 5克 | 水麦芽（水饴）——— 50克 |
| 精细砂糖 ——— 250克 | 紫红色食用色粉溶液 ——— 少许 |

[淡雪羹]

| | |
|---|---|
| 水 ——— 150毫升 | 水麦芽（水饴）——— 50克 |
| 寒天粉 ——— 3克 | 蛋白 ——— 12克 |
| 白砂糖 ——— 125克 | |

❋ **主 要 工 具** ｜

单柄锅、橡皮刮刀、玻璃碗、木勺、打蛋器、棉布、平盘、片刀、圆汤勺

❋ **做 法** ｜

**1** 内馅用的白豆沙先和柚子果酱拌匀，分成15等份，每份15克，搓圆备用。

2 制作半锦玉羹。先在锅里倒入水后加入寒天粉搅拌化开，再开中火煮。

3 煮至沸腾以后，倒入精细砂糖继续搅拌熬煮。

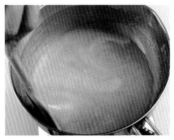

4 白豆沙分次加入，用橡皮刮刀充分搅拌，熬煮到重量约900克为止（扣除锅的重量）。

5 再加入水麦芽，确定完全化开了再熄火，做成半锦玉羹。

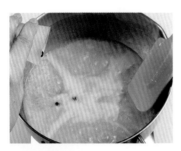

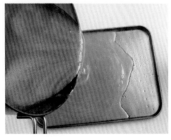

·赏味期·

冷冻保存10天
冷藏保存7天

6 将紫红色食用色粉溶液加入半锦玉羹里，调成淡粉紫色的紫阳花色，倒入用水喷湿的平盘里，常温冷却凝固。

※红色和蓝色食用色粉事先用少许的水溶解，成为紫红色色粉溶液。

7 脱模后，切成0.5～0.7厘米的小方丁。

8 抓一把切成小丁的半锦玉羹，塑型包成紫阳花球状，备用。

9 制作淡雪羹。在锅里倒入水后加入寒天粉化开，再开中火煮至沸腾，加入白砂糖熬煮至103℃，再加入水麦芽，充分混合后熄火，隔水降一下温。

10 另外准备玻璃碗加入蛋白，用打蛋器打至起泡、紧实细腻后，将步骤9完成的锦玉羹一点一点慢慢倒入，搅拌打发成淡雪羹。

11 将步骤8完成的紫阳花球放在木勺上，把淡雪羹均匀地淋在表面。

12 再将紫阳花球放到平盘上，在常温下定型，完成。

# 金鱼

きんぎょ（锦玉羹＋吉野羹）

夏季 小暑（しょうしょ，Shousho）7月6、7或8日│天气渐热 难度 ★★★★★

在七夕的岁时主题里，常出现捞金鱼的和果子，

挑战此高难度作品，重点当然在金鱼的模样！

金鱼大约只有2.5厘米长，放入羊羹时又得肚皮朝天倒过来放，

配置环节在和时间赛跑，

看不到正面全靠想象力的过程，又是最佳的脑力训练。

## ✿ 材料 ｜9个

[锦玉羹]

水 —— 100毫升　寒天粉 —— 3克　微粒子精制砂糖 —— 180克　水麦芽（水饴）—— 25克
绿色食用色粉溶液 —— 少许

[吉野羹]

水(1) —— 150毫升　寒天粉 —— 3克　白砂糖 —— 135克　葛粉 —— 10克
水(2) —— 30毫升　水麦芽（水饴）—— 35克　蓝色食用色粉溶液 —— 少许

[ 装饰配件 ]

| | | | |
|---|---|---|---|
| 白色练切 —— 40克 | | 绿色练切 —— 20克 |
| 红色练切 —— 20克 | | 黑芝麻粉 —— 少许 |
| 黑芝麻 —— 少许 | | | |

✽ 主要工具

单柄锅、橡皮刮刀、玻璃碗、木勺、汤匙、筷子、模具（6厘米×13厘米）、平铲、筛网、片刀、木尺

✽ 做 法

1 先做金鱼备用。用白色练切捏出鱼形，再贴上一些红色练切当斑纹，最后以黑芝麻当眼睛，完成。
※可以加黄色、粉红色练切，多做几种颜色的金鱼，增添色彩。

2 绿色练切先搓小圆团，再用手掌压平做成小荷叶。将黑芝麻粉混入白色练切揉成小石头备用。

3 煮锦玉羹。将水加入锅里再倒入寒天粉，用橡皮刮刀搅拌均匀，开中火煮至沸腾，再加入微粒子精制砂糖，一直熬煮至呈黏稠状，温度在100℃以上。

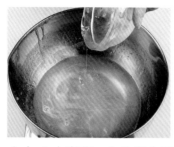  

4 加入水麦芽，充分混合后熄火，加绿色食用色粉溶液调色，用余热拌匀，再煮沸后隔热水保温备用。制成绿色锦玉羹。
　　※绿色食用色粉事先用少许的水溶解，成为绿色色粉溶液。

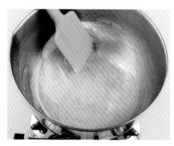 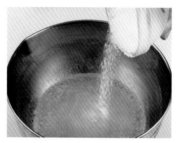

5 将水（1）和寒天粉加热搅拌煮至沸腾，再加入白砂糖煮沸，制成透明锦玉羹。

6 先将葛粉、水（2）混合后，倒入一些透明锦玉羹混合。

7 再把混合液倒入剩下的透明锦玉羹中全部混合，加入水麦芽拌匀再煮沸，加蓝色食用色粉溶液调色，隔热水保温备用。制成蓝色吉野羹。
　　※蓝色食用色粉事先用少许的水溶解，成为蓝色色粉溶液。

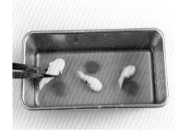

8 在喷湿的模具内，用汤匙舀入薄薄一层绿色锦玉羹。

9 当绿色锦玉羹呈半凝固状时，在模具里计算距离，用筷子放入翻面的小荷叶。

10 静置一会儿，再舀入一层绿色锦玉羹，将金鱼翻面用筷子轻轻放入配置好。

· 赏味期 ·

冷冻保存**10**天
冷藏保存**7**天

11 静置一会儿，加入一层蓝色吉野羹，一样用筷子轻轻夹入石头配置好。

12 静置一会儿，再倒入一层蓝色吉野羹，用筛网挤出绿色练切当作水草，均匀地撒上作为装饰，最后将剩余的蓝色吉野羹倒入。

13 常温凝固后脱模，切成3厘米×4.5厘米的小块，完成。

※如果放在砧板上切，先把砧板喷湿更易操作。

心太（红藻类）

ところてん

由遣唐使带回日本用石花菜（天草）制作的点心，

为何汉语名称叫"心太"呢？

古时此甜点的俗称为こころふと（kokorohuto），由天草这种食材的俗称而来，

こころ（kokoro）刚好与"心"的发音相同，

而ふと（huto）在古时候有胖的海藻的意思，刚好与"太"字发音相同，

心太两字便流传千年成为此点心的名称。

只是经过时代的变迁，

发音从ここととん（kokototen）到ところてん（kokoroten），

读音有些不同而已。

淋上酱油、醋，或撒一点辣椒，

成为夏日餐桌上的消暑凉品，

也可以淋上黑糖蜜、炼乳或是搭配红豆沙馅，一样美味爽口！

❀ **材 料**｜（总重45克、内馅15克）

石花菜（天草）＿＿ 50克 　　醋 ＿＿ 少许
水 ＿＿ 2 000毫升

［酱汁］
无盐酱油 ＿＿ 18毫升
黑栗醋（寿司醋）＿＿ 50毫升　白砂糖 ＿＿ 5克

［黑糖蜜］
水 ＿＿ 480克 　精细砂糖 ＿＿ 30克
黑糖 ＿＿ 30克 　水麦芽（水饴）＿＿ 20克

❀ **主 要 工 具**｜

不锈钢锅、钢盆、玻璃碗、木勺、橡皮刮刀、棉布、筛网、模具（11.5厘米×13.5厘米）、片刀、心太用模子、木尺

✿ **做法**

 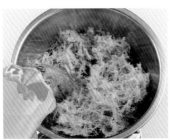

1 石花菜洗净，充分沥干水。

2 使用大一点的不锈钢锅，将1 000毫升的水煮沸后，加入石花菜煮20分钟，沸腾之后加入醋，使石花菜的胶质成分充分释放出来。

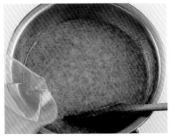 

3 沸腾到快溢出来后，加入剩下的1 000毫升水，中火熬煮30～40分钟，时间长短决定心太的软硬度，依个人喜好调整。

4 筛网上铺上棉布，将熬煮好的石花菜过滤一下。
※若在石花菜液中加入烧明矾粉末，可以使颜色变白。

5 煮酱汁。锅里放无盐酱油、黑栗醋、白砂糖，用小火熬煮至白砂糖溶化，但不要沸腾，再冷却备用。

6 将过滤好的石花菜液倒入模具中，常温冷却凝固。

6 用装入羊羹的挤花袋在框模周围挤一圈羊羹固定防漏。

7 倒薄薄一层的羊羹在框模里，固定住云朵。

8 呈半凝固状后，再倒一些羊羹在框模里，放入预先做好的白玉丸子当作月亮，最后倒一些羊羹盖住白玉丸子。

9 常温凝固后脱模，完成。

· 赏味期 ·
冷冻保存**10**天
冷藏保存**7**天

雨雪

みぞれ（道明寺羹）

雨夹着雪，
或是不成雪像刨冰一般的霰，
大多发生在初冬或是冬季将结束前，
带给人比下雪或下冰雹更深沉的感受。
将此特殊的氛围，
利用透明锦玉羹与道明寺的结合来表现。

✿ **材料** | 15个
（总重65克/个，内馅10克/个）

[ 道明寺 ]
道明寺粉 —— 40克
水 —— 70毫升
精细砂糖 —— 25克

[ 锦玉羹 ]
水 —— 300毫升
寒天粉 —— 7克
精细砂糖 —— 300克
水麦芽（水饴）—— 50克

[ 内馅 ]
红豆内馅 —— 75克
甘薯内馅 —— 75克

✿ **主 要 工 具** |

单柄锅、橡皮刮刀、玻璃碗、棉布、蒸锅、塑胶纸、平盘、圆汤勺、水馒头用小杯

❀ **做法**

1 道明寺粉先泡水，静置一晚。

2 加入精细砂糖加热至充分混合后，倒在铺了塑胶纸的平盘上，摊开来散热，冷却后表面再铺一层塑胶纸，冷藏静置一晚。

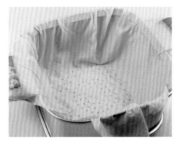
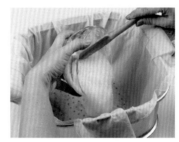
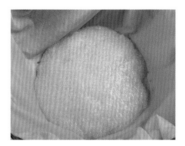

3 第二天揭开塑胶纸，再放入已铺上湿棉布的蒸锅里，用中火蒸10分钟。

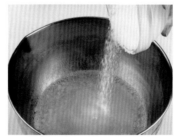

4 将水加入锅里再倒入寒天粉，用橡皮刮刀搅拌均匀，开中火煮至沸腾，加入精细砂糖煮至溶化，熄火后加入水麦芽拌匀，制成锦玉羹。

5 把锦玉羹一点一点加入蒸好的道明寺中混合搅拌。

6 一边慢慢搅拌一边隔水降温至50℃左右。制成道明寺羹。

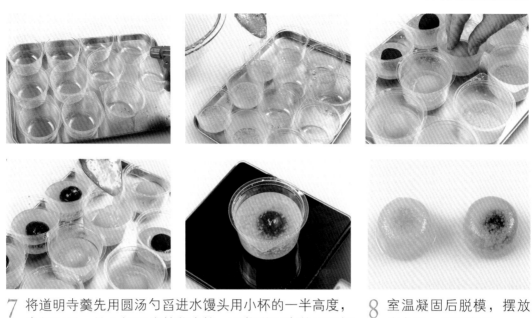

7 将道明寺羹先用圆汤勺舀进水馒头用小杯的一半高度，半凝固后，放入红豆或甘薯内馅，再将道明寺羹舀至杯子八分满，约65克重。
※水馒头用小杯先喷湿以方便脱模。

8 室温凝固后脱模，摆放在盘子上即可享用。

· 赏味期 ·
冷冻保存**10**天
冷藏保存**7**天

# 饼 果 子 类

在日文里"饼"的发音类似麻糬，
饼果子就是各种加了糯米粉制成的麻糬的总称。
做法有用蒸的，有直接加糖水熬煮的，
耳熟能详的如：
大福、樱饼、草饼、椿饼、柏饼、莺饼、
荻饼、外郎等，
名称之多不胜枚举。
以糯米粉为"主角"的大福，
糖分主要来自内馅，外皮有弹性为佳，
所以制作过程要翻打至弹软，需要工具辅助。
用白玉粉加糖水熬煮的多半称为"求肥"，
要比大福来得更软嫩滑口。
许多特定的饼果子常用于节令祭祀，
在和果子的世界里，享用饼果子时的饱足感，
最为温暖幸福。

# 莺饼

うぐいすもち（求肥）

在一场为丰臣秀吉而举办的茶会里首次出现，
因令人惊艳的外观而得名。
挥别冬天的告白，萌亮春天的声音，
早春的气息就应该从弹软淡雅的莺饼开始！

✿ **材 料** 12个（皮15克/个、内馅30克/个）

| [莺馅] | | [莺饼] | |
|---|---|---|---|
| 豌豆（青豆仁）| 380克 | 糯米粉 | 65克 |
| 小苏打粉 | 1克 | 水 | 110毫升 |
| 白砂糖 | 120克 | 上白糖 | 85克 |
| 盐 | 1克 | 水麦芽（水饴）| 25克 |
| | | 青黄豆粉 | 适量 |
| | | （可用黄豆粉与抹茶粉混合替代）| |
| | | 莺馅 | 360克 |

✿ **主 要 工 具**

单柄锅、钢盆、橡皮刮刀、玻璃碗、筛网、铜锅（或
不锈钢锅）、木勺、滤茶勺、平盘

❀ **做法**

莺馅

1 2

4 5

6

1 豌豆（青豆仁）先去皮用水洗净，放入锅里加满水，充分煮沸后沥干。
   ※如果买不到新鲜的豌豆（青豆仁），也可以用市售冷冻青豆仁。

2 再加入水煮沸之后再沥干，如此可以去掉豌豆的杂质和黏液。

3 锅中再次加入水和沥干豌豆，水刚好淹过豌豆即可，加入小苏打粉，用小火熬煮
   至豌豆变软，过程中保持豌豆不出水面，要不断补充水，如果有杂质也要捞掉。

4 熬煮至豌豆用手指轻压就扁掉的程度就可以离火冷却，再用筛网过筛压挤使质地
   变细（亦可用食物调理机搅碎，让质地更细）。

5 过筛后的豌豆移到锅里，倒入白砂糖、盐搅拌均匀。

6 豆馅拌炒至喜欢的硬度就可起锅降温，冷却后分成每个30克，即制成莺馅备用。

莺饼

  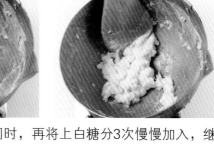

1 在锅中倒入糯米粉加水，以中火加热，并用木勺搅拌。

2 搅拌至糯米粉成团时，再将上白糖分3次慢慢加入，继续搅拌。

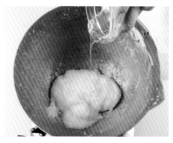 

3 糯米团搅拌到富有弹性的状态（即成麻糬状）时，再加入水麦芽，并用分量外的水调整软硬度。

4 青黄豆粉先过筛，撒到平盘上当手粉。

5 先加一些青黄豆粉到麻糬里拌匀，再反复裹上青黄豆粉降温。

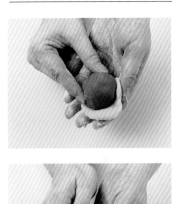

·赏味期·
2月上旬至下旬
限当日食用完毕

**6** 把麻糬均分成每个15克的小团，一一压平当饼皮，将莺馅放到中间包裹起来，再搓成长椭圆形。

**7** 用双手拇指和食指压紧整型。

**8** 最后将青黄豆粉过筛，撒些在成品上，完成。
※莺饼通常包裹红豆内馅，但我就想来点不一样的，于是试着用名字相似的莺馅当内馅，却出人意料地好吃。

# 草饼

くさもち

草饼所用的艾草古时称为母子草。
日本人每年春季会吃对人体五行有益的七草粥，
艾草便是七草之一。
据说艾草的香味可以去邪气，
所以在江户时代农历三月三女儿节时，
父母为女儿健康成长祈愿，会做草饼给孩子吃，
因此日本女儿节除了叫作"桃日"以外，
也可叫作"草饼日"。

春季 惊蛰（けいちつ，Keichtu）3月5、6或7日|始雷，冬眠动物惊醒 难度 ★★★☆☆

✿ **材料** | 20个（皮35克/个、内馅20克/个）

| | | | |
|---|---|---|---|
| 上新粉 —— 250克 | | 上白糖 —— 70克 | |
| 温水 —— 180毫升 | | 水麦芽（水饴） —— 40克 | |
| 奶油 —— 少许 | | 水 —— 100毫升 | |
| 艾草粉 —— 1克 | | 颗粒红豆馅 —— 300克 | |
| 生艾草 —— 15克 | | | |

✿ **主 要 工 具** |

钢盆、橡皮刮刀、玻璃碗、棉布、蒸锅、筛网

✿ **做 法** |

1 钢盆放入上新粉，慢慢加入50～60℃的温水揉成团。

2 蒸锅里铺放湿棉布，将米团分成小块排放，再蒸20～30分钟。蒸好后放入抹上少许奶油的钢盆里，趁热用手揉打成有弹力的麻糬。

3 艾草粉、生艾草（先打碎）、上白糖、水麦芽、水（分量外）一起先混合，趁热加入麻糬中，用手反复揉捏至全变为绿色为止。

※也可以放进塑胶袋中用擀面杖反复擀匀。

4 把麻糬均分成每个35克的小团，然后搓圆压平。

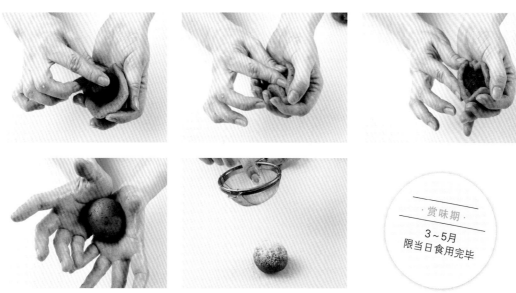

·赏味期·
3~5月
限当日食用完毕

5 将颗粒红豆馅分成每个20克搓圆，放到麻糬皮中间包裹起来，可以撒一点过筛的黄豆粉（分量外）装饰。

6 搓圆的麻糬还可以捏成任何自己喜欢的造型。

# 樱饼

さくらもち（道明寺）

关西的樱饼是用道明寺粉来制作，
而关东的则是用低筋面粉来制作，
做法虽然不同，但是包裹红豆沙馅搭配盐渍樱花叶，
风味一样迷人。

❀ **材 料** 14个（皮30克/个、内馅20克/个）

| | | | |
|---|---|---|---|
| 道明寺粉 | 150克 | 上白糖 | 90克 |
| 水 | 220毫升 | 红豆沙 | 300克 |
| 粉红色食用色粉溶液 | 少许 | 盐渍樱花叶 | 14片 |

❀ **主 要 工 具**

单柄锅、钢盆、玻璃碗、木勺、棉布、蒸锅

❀ **做 法**

1 将道明寺粉倒入锅中，然后放入上白糖，加水和粉红
色食用色粉溶液混合后，用中火加热。
※粉红色食用色粉事先用少许的水溶解，成为粉红色色粉
溶液。

2 再用木勺充分搅拌至呈
粥状。

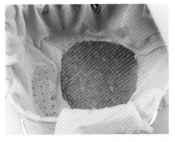
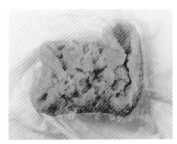

3 等水收干了，倒在湿棉布上蒸12分钟。

※想口感较有嚼劲的话可以不蒸。

4 蒸好取出，用棉布轻轻搓揉。

·赏味期·

3~4月
樱花盛开的季节
限当日食用完毕

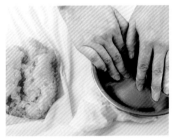

5 手蘸水分成14等份、每个30克，将小团搓圆压平，将红豆沙内馅放到饼皮中间用手指按压，完全包裹起来，整理成椭圆形。

※红豆沙要事先均分成每个20克的球状内馅。

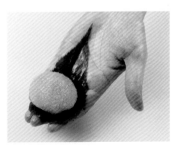

6 用盐渍樱花叶包裹起来，有叶脉的那一面朝外，完成。

※盐渍樱花叶先用水洗去多余盐分，再用厨房纸巾吸干。

水馒头
みずまんじゅう

水馒头源自中国的水晶包子，具有如水晶般透亮的质感，
冰镇后是最适合夏天食用的小点心。
此类由葛粉制成的和果子又有葛馒头、水仙馒头的别称，定义上很难区分，
所以就把外形上做成椭圆形的统称为水馒头。

## ❀ 材 料 ｜10个

| 水馒头素 —— 50克 | [ 黑糖蜜蘸料 ] |
| 精细砂糖 —— 175克 | 黑糖 —— 30克 |
| 水 —— 400毫升 | 精细砂糖 —— 30克 |
| 红豆沙 —— 150克 | 水麦芽（水饴）—— 20克 |
| | 水 —— 480毫升 |

※水馒头素是由伊那（日本
制作寒天材料的专业公司）
食品用寒天加葛粉调制而成
的。

## ❀ 主 要 工 具

塑胶袋、单柄锅、橡皮刮刀、玻璃碗、水馒头用小
杯、圆汤勺

## ❀ 做 法

1 将水馒头素和精细砂糖用塑胶袋装起来，充分混合。

2 把混合物倒入锅中加入水，用橡皮刮刀边搅拌均匀边
煮沸，变成浓稠的糊状后熄火，隔热水保温。

3 水馒头用小杯先用水均匀喷湿。

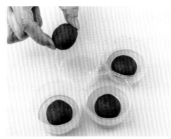

4 将步骤2的糊糊分两次入
模，先用圆汤勺盛装约
1/3。

5 将红豆沙均分成每个15克的球状内馅，压成扁圆形放
到模中央。

·赏味期·

初夏至立秋
6~9月
冷藏保存**5**天

6 在上方覆盖糊糊，再盖上盖子，冷却凝固后冰镇。

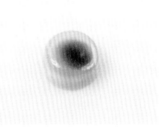

7 吃时再倒扣脱模，可以佐黑糖蜜或是花蜜食用。
※黑糖蜜做法请参见p.163。

# 水信玄饼

みずしんげんもち

信玄饼这个名字源于日本战国时的诸侯武田信玄，
在战乱出征的非常时期所吃的解饥食物。
有天然甜味，常温下保持30分钟就会溶化，
所以必须在店里食用。
日本传统吃法会撒上黄豆粉再淋上黑糖蜜享用。
后来由华裔厨师引进纽约，
称为雨滴蛋糕（Raindrop Cake）。

夏季 芒种（ぼうしゅ，Boushu）6月5、6或7日|麦丰收、稻种植 | 难度 ★★☆☆☆

## 材料 约8个

| | | | |
|---|---|---|---|
| 水信玄饼寒天粉 | 19克 | 水 | 400毫升 |
| 精细砂糖 | 100克 | 黑糖蜜（蘸料） | 80克 |

## 主要工具

塑胶袋、单柄锅、玻璃碗、橡皮刮刀、圆汤勺、小漏斗、四入球形模

❋ 做 法

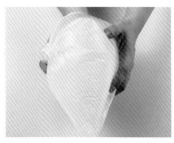

1 将水信玄饼寒天粉和精细砂糖用塑胶袋装起来，充分混合。

2 把混合物倒入锅中，将水分次倒入，用橡皮刮刀搅拌均匀。

3 用小火慢慢熬煮至沸腾，使之变得浓稠。

4 隔水降温之后，再用圆汤勺舀进小漏斗入球形模，然后冰镇。

※如果要增加变化，可以将盐渍樱花先用水洗去多余盐分，再用厨房纸巾吸干后入模。

·赏味期·
初夏至立秋
6～9月，常温下
30分钟之内食用完毕，
否则会溶化

5 吃时再脱模，可以佐黑糖蜜和黄豆粉食用。

※黑糖蜜做法请参见p.163，也可买现成的。

※黄豆粉加入少许白砂糖与食盐先炒香。

# 蕨饼

わらびもち

蕨饼顾名思义是由蕨粉制作而成。
这里的蕨饼粉是真正100%的本蕨粉，
是以植物蕨根全手工制作的珍贵材料，
10千克的蕨根只能产出70克本蕨粉，
所以本蕨粉价格不菲。
市售蕨饼粉多是较便宜的混合粉，
混合了芋头、马铃薯、甘薯等其他植物类淀粉。

❋ **材 料** 10~15块

| | | | |
|---|---|---|---|
| 蕨饼粉 | 100克 | 水麦芽（水饴） | 20克 |
| 水 | 400毫升 | 黄豆粉 | 200克 |
| 黑糖 | 150克 | 黑糖蜜 | 100克 |

❋ **主要工具**

铜锅（或不锈钢锅）、木勺、耐热玻璃皿、玻璃碗、
橡皮刮刀、筛网、棉布、蒸锅

❋ **做 法**

**1** 蕨饼粉放入铜锅，加水用木勺搅拌化开（先预留100毫升的水）。

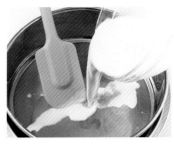

2 将预留的水加入黑糖、水麦芽中一起加热，充分混合。

3 将蕨饼粉液过筛，预留1/3，黑糖水则隔水降温。

4 将2/3的蕨饼粉液和黑糖水倒入铜锅，转中火，边搅拌边熬煮。

5 再把剩下的1/3蕨饼粉液倒入，然后快速搅拌成麻糬状。

6 将麻糬起锅，装入铺了棉布的耐热玻璃皿里，放进蒸锅蒸15分钟。

7 蒸好的麻糬再放入铜锅中，以小火搅拌至更柔软、滑顺。倒入装了过筛的黄豆粉的耐热玻璃皿里，再在上面撒满黄豆粉，切小块。※黄豆粉加入少许白砂糖与食盐先炒香。

· 赏味期 ·

3～6月
冷冻保存7天

8 裹上黄豆粉，再淋上黑糖蜜即可享用。

在日语中水无月是6月的别名，也是和果子的一种。

每年6月30日，一年刚要过半的日子，

日本有夏越拔（なごしのはらえ，Nagoshinoharae）的习俗，

吃这款甜点以在年中拔除秽气，也为下半年祈求无病消灾。

✿ **材 料** | 约9个

| | | | |
|---|---|---|---|
| 白玉粉 ―― | 45克 | 低筋面粉 ―― | 120克 |
| 葛粉 ―― | 30克 | 上新粉 ―― | 90克 |
| 水 ―― | 400毫升 | 红豆蜜粒 ―― | 100克 |
| 白砂糖 ―― | 300克 | | |

✿ **主 要 工 具** |

钢盆、玻璃碗、打蛋器、烘焙纸、蒸锅、筛网、棉布、框模（18厘米×18厘米）、橡皮刮刀、毛刷、片刀

✿ **做 法** |

1 将白玉粉、葛粉放入钢盆，慢慢加水搅拌化开，尽量避免结块。

2 将白砂糖分3次倒入，再用打蛋器搅拌混合均匀。

※如果这里要做成黑糖口味，要先将黑糖用分量内的水搅拌成黑糖蜜备用。

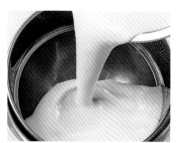

3 再慢慢加入低筋面粉、上新粉，搅拌均匀，然后过筛。

4 把铺上烘焙纸的框模先空蒸一下，再倒入90％的面糊，上面覆盖干布隔绝水滴，放入蒸锅以中火蒸30分钟。

※注意蒸汽太强的话表面会凹凸不平。

5 蒸好后用棉布将表面的黏液去除，将剩下的10％面糊倒入。

6 将红豆蜜粒均匀铺在表面，再以中火蒸7分钟。

7 蒸好冷却后脱模，把烘焙纸撕开剥下，表面用毛刷涂上透明锦玉羹（分量外）增加亮色。

· 赏味期 ·

6～7月
限当日食用完毕

8 用片刀先切成宽为5.5～6厘米的长条形以后，再分切成
三角形，完成。

月见丸子
（つきみだんご）

日本把中秋节那天晚上称为"十五夜"，月见丸子是在十五夜祭拜月娘的和果子，通常会用三方供盘将丸子叠成金字塔的造型。

祭拜完后可以将丸子烤一烤蘸酱油吃，或是裹红豆泥吃，咸甜两相宜。

### ❀ 材料 | 约35个（20克/个）

白玉粉 —— 100克　　　［酱汁］

水 —— 130毫升　　　无盐酱油 —— 60克

糯米粉 —— 50克　　　水 —— 200～240毫升

　　　　　　　　　　白砂糖 —— 125克

　　　　　　　　　　葛粉（太白粉）—— 30克

### ❀ 主要工具 |

钢盆、玻璃碗、橡皮刮刀、滤茶勺、单柄锅、汤匙、竹签

### ❀ 做法 |

**1** 将白玉粉、水全部倒入钢盆中，用橡皮刮刀拌匀，让白玉粉化开。

**2** 糯米粉用滤茶勺过筛放入钢盆，再将白玉粉液慢慢倒入，并用手揉成团。

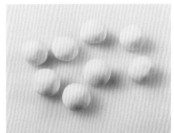

**3** 将揉好的面团分割成每个18克的小团，搓成丸子备用。

**4** 煮一锅水，在水尚未完全沸腾前，分批下锅煮丸子，等丸子浮上来，就可以捞起来冷却（冰镇）。

**5** 排成四层高的金字塔大约要30个丸子，三层只要10个就足够了。

·赏味期·

中秋节前后
限当日食用完毕

6 要吃丸子时，可以用竹签穿成3个一串，放到网架上微烤至有点焦色再蘸（淋）酱汁享用。

※也可以放瓦斯炉上或是烤肉架上烤。

## 酱汁煮法

1

2　　　　　　3

1 将无盐酱油、水和白砂糖一起放入锅中煮至沸腾。

2 用部分水充分化开葛粉。

3 将葛粉液倒入步骤1所完成的酱汁中，继续熬煮至浓稠、有光泽的状态为止。

# 荻饼

おはぎ

日本秋季彼岸节时，人们会到墓前祭拜或祭拜神祇，
使用御荻（おはぎ，Ohagi）供奉；
同样的和果子在春季则称为牡丹饼（ぼたもち，Botamochi）。
佛教习俗从江户时代开始，
在春分及秋分前后各3天，为期一周左右，
各家和果子店会制作此款传统点心，满足大家祭祀祖先的需求。

秋季｜秋分（しゅうぶん，Shuubun）9月22、23或24日｜昼夜平均｜难度 ★★★☆☆

## ✿ 材 料 ｜15个

（红豆口味：皮/颗粒红豆馅30克、内馅/糯米22克；黄豆粉口味：皮/糯米28克、内馅/颗
粒红豆馅20克；芝麻口味：皮/糯米28克、内馅/颗粒红豆馅20克）

| | | |
|---|---|---|
| 糯米 —— 250克 | [配料] | |
| 盐 —— 1克 | 颗粒红豆馅 —— 250克 | 白芝麻粉 —— 50克 |
| 热水 —— 250~400毫升 | 黄豆粉 —— 50克 | 白砂糖 —— 少许 |
| | 黑芝麻粉 —— 50克 | 盐 —— 少许 |

❀ **主要工具**

钢盆、玻璃碗、筛网、橡皮刮刀、棉布、蒸锅、木勺

❀ **做 法**

1 将糯米洗净后浸泡一个晚上或是4小时以上。

　※选用圆糯米。

2 泡好后把水沥干，倒在铺平的湿棉布上，放入蒸锅蒸20分钟（或是用电饭煲加热到微硬程度也可以）。

3 将盐（加一点水溶解）和热水倒入熟糯米里拌匀，覆盖保鲜膜闷30分钟。

4 将闷好的糯米放在棉布上面，铺开来散热，或可用扇子帮助降温。

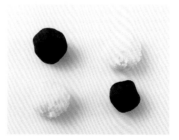

5 再将糯米集中起来冷却，然后揉成团，再分成每个20克的小团后搓圆。

6 把颗粒红豆馅分成小团压平当外皮，放在手掌上，中间放糯米团当内馅包裹起来，搓成椭圆形，做成基本口味也就是红豆味的荻饼。
※颗粒红豆馅做法请参见p.016。

·赏味期·
春分和秋分前后
限当日食用完毕

7 接下来制作黄豆粉口味和芝麻口味的荻饼。黄豆粉或芝麻粉，都需要加少许白砂糖和盐炒香。

8 把糯米团压平当外皮，放在手掌上，中间放颗粒红豆馅当内馅包裹起来，搓成椭圆形。
※也可以用抹茶、甘薯馅替代颗粒红豆馅。

9 最后裹上炒过的黄豆粉或芝麻粉，完成。

# 粟饼

あわもち

古时小米用来替代主食，黏性强可与糯米一起做成麻糬，
到江户时代在小商家林立的市集上，常见挂着竹帘的摊贩
现场煮小米麻糬的光景，刚做好的小米麻糬总是吸引人们围观购买。
现代因人们饮食习惯的改变，小米生产量少，小米麻糬不再常见。
若想吃古早味，在京都北野天满宫门前泽屋粟饼的和果子店有卖。

秋季 寒露（かんろ，Kanro）10月7、8或9日 | 天气渐寒 | 难度 ★★★☆☆

✿ **材料** 10个（皮25克/个、内馅20克/个）

| | |
|---|---|
| 小米 —— 100克 | [寒天液] |
| 热水 —— 60毫升 | 水 —— 150毫升 |
| 上白糖 —— 50克 | 寒天粉 —— 3克 |
| 盐 —— 1克 | 白砂糖 —— 150克 |
| 红豆沙 —— 200克 | 水麦芽（水饴）—— 10克 |

※锅中加入水和寒天粉混合，开火煮沸再加入白砂糖溶解，煮沸后离火，加入水麦芽拌匀，用余热化开。

❀ **主要工具**

蒸锅、棉布、橡皮刮刀、木勺、钢盆、玻璃碗、毛刷

❀ **做 法**

1 头一天把小米清洗干净，用70℃温水（分量外）浸泡。

2 第二天把水沥干，倒在铺平的湿棉布上，放入蒸锅蒸20分钟。

3 将小米移到钢盆里，将盐和热水倒入熟小米里拌匀，闷10分钟。

4 将小米移到蒸锅里再蒸20分钟，小米必须蒸两回才会变软。

5 小米蒸好后，倒在钢盆里，加入上白糖，用木勺充分搅拌。

6 然后覆盖保鲜膜闷30分钟，冷却后放入冰箱静置一晚。

7 第二天把小米倒在铺平的湿棉布上，放入蒸锅再蒸10～15分钟。

8 将寒天液煮好，用手蘸温的寒天液后，将小米均分成每个25克的小团备用。

· 赏味期 ·

秋季
限当日食用完毕

9 将红豆沙均分成每个20克的小团，搓圆当内馅。

10 压平小米团当外皮，放在手掌上，中间放红豆沙馅包裹起来搓成长椭圆形，表面再用毛刷蘸寒天液涂一层增加光泽。

※表面涂寒天液还可预防小米皮变硬，蘸黄豆粉食用风味更佳。

# 银杏落叶（外郎）

いちょうおちば（外郎）

外郎（ういろう，Uirou）果子的名称源自中国唐代的官名员外郎。元代的时候归化日本的礼部员外郎从中国引进了一种叫"透顶香"的药品进贡给日本将军吃，这种药品吃后唇齿留香，又称"外郎药"。

后来日本有种用黑糖制成的和果子，

看起来与"外郎药"相似，因而以"外部果子"之名广为流传。

弹软的外皮染上黄色像银杏落叶，包裹绿色抹茶内馅，

营造一种格外深沉的氛围。

❀ **材料** 5个（皮20克/个、内馅15克/个）

| | |
|---|---|
| 精细砂糖 ———— 60克 | 糯米粉 ———— 10克 |
| 水 ———— 40毫升 | 黄色食用色粉溶液 ———— 少许 |
| 白豆沙 ———— 5克 | 片栗粉 ———— 少许 |
| 上新粉 ———— 20克 | 抹茶馅 ———— 75克 |

❀ **主要工具**

钢盆、木勺、橡皮刮刀、筛网、蒸锅、玻璃碗、棉布、擀面杖、三角棒、毛刷

❀ **做法**

**1** 精细砂糖加水先充分溶解，再加入白豆沙、上新粉和糯米粉，用橡皮刮刀搅拌均匀。

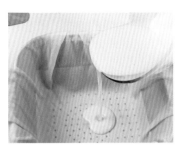

2 拌好后过筛，倒入用湿布覆盖的蒸锅里，用中火蒸10分钟。

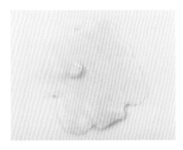

3 蒸好后用棉布反复揉搓。

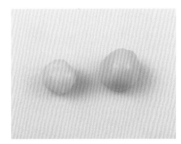

4 取一部分，用黄色食用色粉溶液调色。分成黄色每个15克、白色每个10克的小团搓圆，备用。
　※黄色食用色粉事先用少许的水溶解，成为黄色色粉溶液。

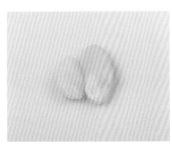

5 饼皮完成以后，片栗粉过筛当手粉，将两色小团叠拼，用擀面杖来回擀平，压出想要的渐层效果。

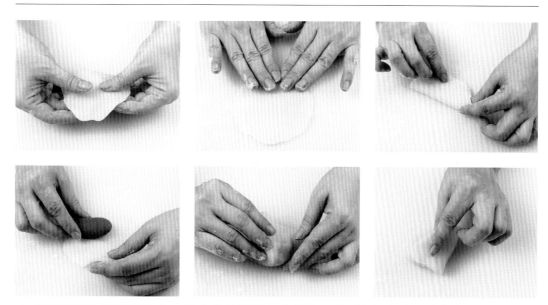

6 用擀面杖和手调整外皮，将内馅放进想包裹的位置后对折，抓出一个折角。

※抹茶馅先均分成5等份，每份15克搓圆当内馅。

·赏味期·

四季皆可
冷冻保存**1**天

7 再抓出另一个折角，叠成黄色银杏叶子的形状。

8 最后用三角棒压出叶子缺口的痕迹，用毛刷把多余的片栗粉轻轻刷掉，完成。

# 花瓣饼

はなびらもち

花瓣饼（"菱葩饼"ひしはなびらもち，Hishihanabaramoch）在日本平安时代的宫中，是在祈愿长寿的仪式中所用的健齿类点心，到了明治时代被茶道里千家的第十一代家元用在新年初釜（在日本，新年里的第一个茶会叫作"初釜"）的茶会上，从此成为全日本受人喜爱的和果子之一。

冬季 小寒（しょうかん，Shoukan）1月5、6或7日|天气寒冷　难度 ★★★★☆

## ❀ 材 料 | 5个（白色皮35克/个、粉红色皮5克/个、内馅20克/个、蜜牛蒡1支/个）

| | | |
|---|---|---|
| 白玉粉 —— 75克 | 红色食用色粉溶液 —— 少许 | [蜜牛蒡] |
| 水 —— 150毫升 | 片栗粉 —— 少许 | 牛蒡1根 —— 10～12厘米 |
| 精细砂糖 —— 150克 | | 白醋 —— 少许 |
| 水麦芽（水饴） —— 40克 | [内馅] | 水 —— 50～70毫升 |
| 蛋白 —— 13克 | 白豆沙 —— 150克　白味噌 —— 8克 | 白砂糖 —— 60克 |
| 白豆沙 —— 40克 | ※混合加热，稍微搅拌均匀即可。放凉均分成5等份，每份20克搓圆压扁备用。 | ※需头一天制作完成备用。 |

❀ **主 要 工 具**

单柄锅、棉绳、铜锅（或不锈钢锅）、玻璃碗、木勺、打蛋器、橡皮刮刀、平盘、筛网、毛刷

**蜜 牛 蒡 做 法**

1

3

4

6

1 牛蒡买回来后洗净去皮，切成10～12厘米长、0.5厘米粗的段。

2 用棉绳将牛蒡束好以免弯曲，放入白醋水（白醋＋水混合）浸泡10分钟去掉涩味。

3 去掉棉绳，将牛蒡放入水中煮软，煮软需要2～4小时，中途换一次水去杂质，煮软的牛蒡仍保留一些爽脆口感。

4 等牛蒡煮软了，再加入白砂糖煮沸，浸泡一晚。

5 第二天将牛蒡取出，将糖水继续煮成蜜汁以后再将牛蒡放回，熄火冷却。

6 等蜜牛蒡完全冷却后，取出牛蒡沥干备用。

❋ **做法**

1 铜锅里放入白玉粉，慢慢倒入水加热，用木勺充分搅拌化开。

2 开小火继续加热，用木勺快速拌炒均匀成麻糬状。

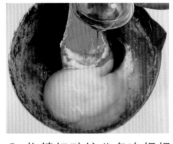

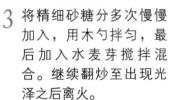

3 将精细砂糖分多次慢慢加入，用木勺拌匀，最后加入水麦芽搅拌混合。继续翻炒至出现光泽之后离火。

4 用打蛋器打发蛋白后加入白豆沙，再充分混合。

5 将混合物加入步骤3炒好的麻糬里，再移回小火上搅拌至呈雪白色，制成非常柔软的饼皮面团。

6 片栗粉过筛当手粉，取1/10的面团出来，倒入红色食用色粉溶液混合成粉红色饼皮面团，备用。

※片栗粉可用太白粉替代。红色食用色粉事先用少许的水溶解，成为红色色粉溶液。

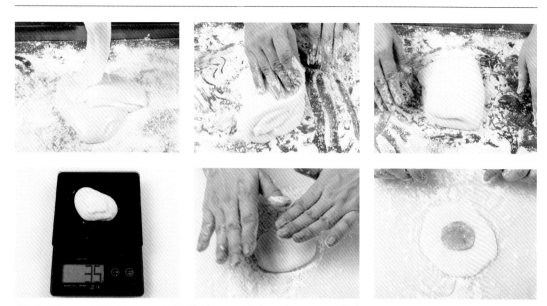

7 再撒一些片栗粉，取出其他的面团放在平盘上，分成白色每个35克、粉红色每个5克的小团，搓圆压平，白色在下，粉红色在上，两片相叠融合，延展成直径10厘米的同心圆饼皮。

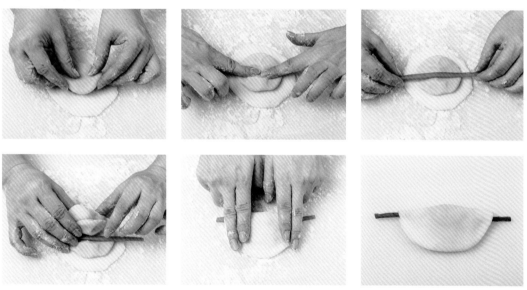

8 用毛刷把多余的片栗粉轻轻刷掉，在饼皮中心放上内馅和1根蜜牛蒡，再对折轻压四周就完成了。

·赏味期·

京都正月时的传统和果子之一冷冻保存**7**天

215

# 草莓大福

いちごだいふく

草莓大福是昭和后期才登场的新款和果子，
发明元祖是东京新宿的"大角玉屋"和果子店。
后来形成风潮，有包白豆沙馅的，
也有不包馅的种种变化。
由于草莓当内馅里面容易出水，
所以保存期限较短，当日享食最佳。

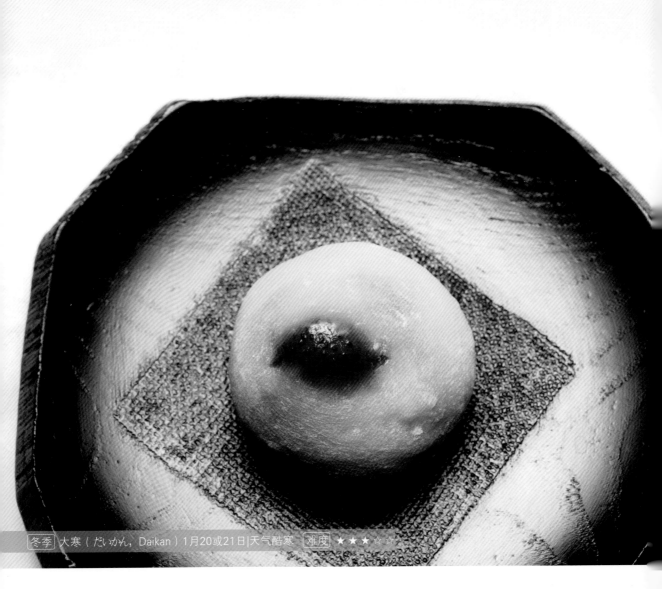

冬季 大寒（だいかん，Daikan）1月20或21日|天气酷寒 难度 ★★★☆☆

✿ **材 料** |10个 （55～60克/个）

糯米粉 _____ 50克　　　［馅料］
水 (1) _____ 50毫升　　草莓 _____ 20颗
上白糖 (1) _____ 35克　　颗粒红豆馅 _____ 200克
水 (2) _____ 40毫升　　※颗粒红豆馅做法请参见p.016。
上白糖 (2) _____ 65克　　草莓去蒂洗净，沥干备用。
太白粉 _____ 少许

✿ **主 要 工 具**

铜锅（或不锈钢锅）、木勺、橡皮刮刀、滤茶勺、玻璃碗、毛刷

✿ **做 法**

**1** 糯米粉、水（1）倒入铜锅，再慢慢加入上白糖（1）混合，开中火用木勺快速拌炒均匀成麻糬状。

**2** 炒好的麻糬，一边加水（2）充分搅拌，一边调整软硬度。

**3** 再分次加入上白糖（2），继续翻炒到麻糬面团呈现光泽，富有弹性。

**4** 将颗粒红豆馅均分成10等份，每份20克搓圆，用手掌压平，包入整颗草莓当内馅。

**5** 太白粉过筛当手粉，取出完成的面团放在太白粉上，分成每个20克的小团，搓圆压平，将步骤4完成的内馅放在外皮中间，用拇指与食指边绕圈边包覆内馅。

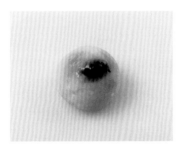

·赏味期·

冬季到春季
草莓盛产期
限当日食用完毕

**6** 全部包覆好之后，调整成圆形，用毛刷把多余的太白粉轻轻刷掉，完成。

※草莓可以露出一点，完成后的草莓大福白里透红，充满生气。

# 蒸 果 子 类

## む　し　が　し　る　い

必须蒸过才能完成的和果子都算蒸果子，

最具代表的是馒头类，还有蒸蜂蜜蛋糕、

蒸羊羹、蒸外郎麻糬等果子。

"馒头"是由遣唐使带回日本的古早点心，

馒头一词始自三国蜀汉诸葛亮，

当时他率大军渡江，习俗上需以人头祭河神，

诸葛亮灵机一动，用面皮裹肉蒸熟充当人头，

投入江中，大军成功渡江，

诸葛亮因此将其命名为"瞒头"，

取欺瞒河神的假头之意。

随后演变成各式各样有馅没馅的点心，

统称"馒头"，因遣唐使不能吃肉，

便将肉馅改成颜色相近的红豆沙馅，

流传至今在日本看到馒头两个字就是豆沙包的意思，

肉包则叫作"中华馒头"。

# 西王母

せいおうぼ

神话中，西王母娘娘做寿，

设蟠桃会款待群仙；

相传孙膑用桃子为八十岁老母亲祝寿，

老母亲容颜因此变年轻。

送长辈生日寿桃是中国传统习俗之一。

## ✿ 材料 | 10个（皮15克/个、内馅30克/个）

| | | | |
|---|---|---|---|
| 山药粉 | 10克 | 颗粒红豆馅 | 300克 |
| 水 | 30毫升 | 红色食用色粉溶液 | 少许 |
| 上白糖 | 75克 | 羊羹叶子 | 20片 |
| 上新粉 | 50克 | | |

## ✿ 主要工具 |

玻璃碗、擀面杖、钢盆、棉布、烘焙纸、蒸锅、平铲、三角棒、叶子压模、喷雾瓶（喷嘴）

❀ 做 法

1 在玻璃碗中倒入山药粉加水，用擀面杖研磨成泥。
※整个过程要一气呵成，否则容易结块。

2 将上白糖分3次慢慢加入山药泥中，用擀面杖搅拌至出筋。

3 上新粉倒入钢盆，将搅拌好的山药泥加入，用折叠揉捏的方法将上新粉充分混入山药泥中。

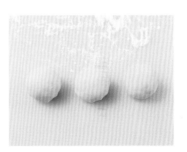

4 撒一些上新粉（分量外）当手粉，将面团分成10等份，每份15克，搓圆、压平，包入颗粒红豆馅。
※颗粒红豆馅做法请参见p.016。分成10等份，每份30克，搓圆当内馅。

5 间隔摆放到铺好湿棉布和烘焙纸的蒸锅中，上面再用烘焙纸或棉布盖好隔绝水滴，用中火蒸10分钟。

6 蒸好后趁热先捏出一个尖尖的角，再用三角棒切出一道弧线，做成桃子的样子。

·赏味期·

等待桃花开随时可以吃寿桃
冷藏保存**3**天

7 红色食用色粉事先用少许的水溶解，再装进喷雾瓶里用喷嘴给"桃子"上色。

8 最后贴上羊羹做的叶子（用叶子压模压出形状），完成。
※羊羹做法请参见p.130。

# 南瓜馒头

かぼちゃまんじゅう

栗子南瓜产季在6~8月，营养丰富又易于保存，

作为内馅口感湿润爽口，只是水分要收干一些，包起来才更容易。

蒸果子由于水分含量高，保存期限自然缩短，

属于生果子类，必须在两三天内食用完毕。

❈ **材 料** 10个（皮15克/个、内馅30克/个）

| | | [南瓜馅] | |
|---|---|---|---|
| 山药粉 —— 10克 | | 南瓜泥 —— 180克 | |
| 水 —— 15毫升 | | 白豆沙 —— 100克 | |
| 橘色食用色粉溶液 —— 12毫升 | | 盐 —— 0.5克 | |
| 上白糖 —— 75克 | | 水麦芽（水饴）—— 12克 | |
| 上新粉 —— 50克 | | | |
| 南瓜内馅 —— 300克 | | | |
| 墨绿色练切 —— 40克 | | | |

❈ **主 要 工 具**

玻璃碗、擀面杖、橡皮刮刀、钢盆、棉布、烘焙纸、
蒸锅、三角棒

❈ **做 法**

**1** 在玻璃碗中倒入山药粉加水，同时加入橘色食用色粉溶液调色，用擀面杖研磨成泥。
※红色和黄色食用色粉事先用少许的水溶解，成为橘色色粉溶液。

**2** 将上白糖分3次慢慢加入山药泥中，用擀面杖搅拌至出筋。

3 上新粉倒入钢盆，将搅拌好的山药泥加入，用折叠揉捏的方法将上新粉充分混入山药泥中。

4 撒一些上新粉（分量外）当手粉，将面团分成10等份，每份15克，搓圆、压平，包入南瓜内馅。

5 间隔摆放到铺好湿棉布和烘焙纸的蒸锅中，上面再用烘焙纸或棉布盖好隔绝水滴，用中火蒸10分钟。

6 蒸好后趁热在中央先压出凹陷，再用三角棒切出六瓣造型。

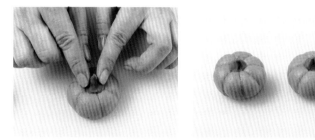

·赏味期·

夏季南瓜盛产期
冷藏保存**3**天

7 贴上墨绿色练切做的蒂头，完成。

南 瓜 馅 做 法

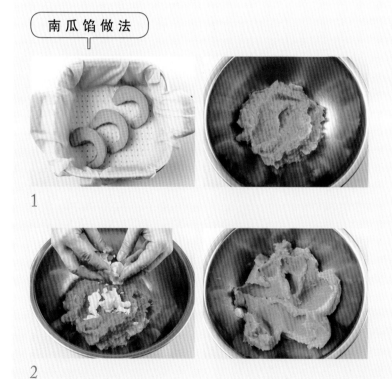

1 栗子南瓜去皮蒸熟以后，用食物料理机打成泥，将多余的水分收干一点备用。

※若没有食物料理机，可用橡皮刮刀搅拌成泥。

2 南瓜泥加白豆沙放入钢盆中一起搅拌，最后加入盐和水麦芽充分拌匀，冷却备用。

※南瓜泥分成10等份，每份30克，搓圆当内馅备用。

# 栗羊羹

くりようかん（蒸羊羹）

蒸羊羹是镰仓至室町时代日本茶会用的点心，
后来在民间成为替代正餐的甜点。
看似很难其实很好做，
只需注意用手搅拌至有黏性的过程不要太长，
否则会影响口感。
室温冷却时不要见风，
因为迅速降温可能会出现龟裂。

※ 如果想要降低糖分，可以用
30~45克海藻糖替代等量的精细
砂糖，海藻糖还可帮助和果子保
持湿润、增加弹性，延长保存期
限。

## ❁ 材 料 ┃10个

| | |
|---|---|
| 水 ——— 150毫升 | 葛粉 ——— 2克 |
| 寒天粉 ——— 3克 | 盐 ——— 少许 |
| 精细砂糖 ——— 150克 | 热水 ——— 115毫升 |
| 红豆沙 ——— 580克 | 栗子甘露煮 ——— 115克 |
| 低筋面粉 ——— 58克 | |
| 上白糖 ——— 55克 | |

## ❁ 主 要 工 具

单柄锅、钢盆、橡皮刮刀、木勺、蒸锅、棉布、烘焙
纸、模具（13.5厘米×15厘米）、毛刷、砧板、片刀、
木尺

❀ **做 法**

1 做寒天液。将水和寒天粉倒入锅中，用中火加热至沸腾后，加入精细砂糖搅拌溶解熄火，隔水保温备用。

2 将红豆沙弄成小碎块放入钢盆，再加入热水（分量外）和低筋面粉用手搅拌至有黏性。

3 再慢慢加入上白糖，用橡皮刮刀充分搅拌。

4 加入用少许水（分量外）化开的葛粉和盐充分搅拌。

5 然后将热水一点一点加入，调整软硬度，大约呈半流动的糊状即可。

6 倒入预先铺好烘焙纸的模具里，接着放到平台上轻敲以排出空气，让表面平整；放入蒸锅里，表面再用烘焙纸或棉布盖好隔绝水滴，用中火蒸45分钟。

7 蒸好后，将表面的黏液用橡皮刮刀刮平，再将沥干蜜汁的栗子对切排列上去。

8 在栗子上用毛刷涂上厚厚一层寒天液，室温冷却，需要注意不要见风。

·赏味期·

秋季栗子盛产期
冷藏保存**3**天

9 静置一晚后脱模，用片刀切成喜欢的大小，完成。

# 黄味时雨

きみしぐれ（黄味馅）

黄味时雨表面的红色裂纹，

犹如初冬季节，一阵暴风骤雨之后，

突然透出的一缕阳光。

黄色里透出红色的华丽感，又被称为"黄味牡丹"。

而另一种小夜时雨，降在冬夜里的寂寞小雨，

和果子会用红豆馅来表现，又被称为村时雨、泪时雨、夕时雨等，

如诗如画的名字，

在嘴里瞬间融化的绵密口感，

恰恰表现出这个季节的浪漫滋味。

❀ **材 料** | 12个（黄味时雨馅皮20克/个、红色时雨馅皮3克/个、内馅20克/个）

| [黄味馅]（火取馅） | | [黄味时雨馅皮] | |
|---|---|---|---|
| 白豆沙 | 300克 | 黄味馅 | 全部 |
| 上白糖 | 15克 | 生蛋黄 | 2克 |
| 蛋黄 | 1个 | 上新粉 | 9克 |
| 水 | 少许 | 泡打粉 | 1克 |

| [红味时雨馅皮] | | [内馅] | |
|---|---|---|---|
| 黄味时雨馅皮 | 40克 | 颗粒红豆馅 | 240克 |
| 红色食用色粉溶液 | 少许 | | |

❀ **主 要 工 具** |

筛网、钢盆、橡皮刮刀、木勺、耐热玻璃碗、棉布、烘焙纸、蒸锅、网架

✿ **做法**

1 将白豆沙用橡皮刮刀按压过筛，放入钢盆中，加入过筛的蛋黄，用木勺充分搅拌。

2 再加入上白糖和水，用小火加热，充分搅拌混合不要烧焦，直到馅变得松软干燥为止。制成黄味馅（火取馅）。

※火取的意思是把原有的馅再用火炒一遍加味，经过这样加工的馅被称为"火取馅"。

3 等黄味馅冷却后，放入耐热玻璃碗中，倒入生蛋黄用木勺拌匀。

4 再加入上新粉和泡打粉，用手快速轻轻混合。

※注意不要揉捻太久，若揉捻出筋会导致成品没有龟裂纹。

5 从步骤4所完成的黄味时雨馅皮中拿出约40克，用红色食用色粉溶液调成红色时雨馅皮，分成12等份，每份3克，搓圆、压平。
※红色食用色粉事先用少许的水溶解，成为红色色粉溶液。

6 将剩下的黄味时雨馅皮分成每个20克，搓圆、压平，中央贴上红色时雨馅皮，再将颗粒红豆馅稍压包起来，收拢封口。
※颗粒红豆馅做法请参见p.016。分成12等份，每份20克，搓圆当内馅。

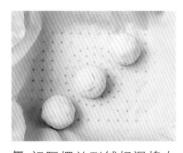

· 赏味期 ·

入冬之初
冷藏保存**2**天

7 间隔摆放到铺好湿棉布和烘焙纸的蒸锅中，上面再用烘焙纸或棉布盖好隔绝水滴，用中火蒸20分钟至表面龟裂。

8 散热后，轻轻取出摆放到网架上，室温冷却定型。

# 冬景色

ふゆけいしき（松风）

"松风"是京都茶会里历史悠久的基本和果子，也曾是兵粮的替代品。
有些加入芝麻、味噌、咸纳豆增添风味，
咸中带甜，滋味独特且香气十足，
深受食客青睐。
此造型是我在日本参加职业级比赛时的作品，
多层次的羊羹交叠需要快速完成，亦是制作难点所在。

冬季 冬至（とうじ，Touji）12月21、22或23日|夜最长 难度 ★★★★★

## 材料 9个

[松风]

| | | | |
|---|---|---|---|
| 蛋液 | 10克 | 小苏打粉 | 0.5克 |
| 上白糖 | 35克 | 水 | 15毫升 |
| 味噌 | 1.5克 | 红豆蜜粒 | 50克 |
| 酱油 | 4克 | 低筋面粉 | 24克 |
| 白芝麻 | 4克 | | |

[羊羹]

| | |
|---|---|
| 水 | 70毫升 |
| 寒天粉 | 2克 |
| 白砂糖 | 75克 |
| 红豆沙 | 130克 |
| 水麦芽（水饴） | 6克 |

[淡雪羹]

| | |
|---|---|
| 水 | 75毫升 |
| 寒天粉 | 1.5克 |
| 白砂糖 | 60克 |
| 蛋白 | 6克 |
| 水麦芽（水饴） | 25克 |

### ✿ 主要工具

钢盆、打蛋器、橡皮刮刀、单柄锅、玻璃碗、烘焙纸、模具（12厘米×12厘米）、棉布、蒸锅、砧板、片刀、木尺

### ✿ 做 法

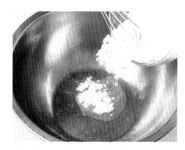

1 将蛋液和上白糖放入钢盆里，用打蛋器打到八分发。

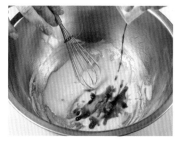

2 依序加入味噌、酱油、白芝麻、用水化开的小苏打粉，一起充分搅拌均匀。
※白芝麻先用小火干炒，增添香气。

3 红豆蜜粒加入一点低筋面粉，充分混合，备用。

4 将剩下的低筋面粉拌入步骤2所完成快速搅拌混合，再加入水和步骤3所完成，充分拌匀。

· 赏味期 ·

四季皆可
冷藏保存**5**天

5 烘焙纸裁好预先铺在模具里，将步骤4所完成倒入模具的1/3高度，接着放到平台上轻敲几下以排出空气，让表面平整。

6 放入事先预热好的蒸锅里（下面垫棉布），用中火蒸25分钟。

7 煮羊羹。将水和寒天粉倒入锅中，加热搅拌煮沸腾，再加入白砂糖和红豆沙煮至呈黏稠状，加入水麦芽煮至完全沸腾后熄火，隔热水保温，制成羊羹备用。

8 在锅里倒入水后加入寒天粉化开，再开中火煮至沸腾，加入白砂糖熬煮至103℃。制成锦玉羹。

9 玻璃碗里放入蛋白，用打蛋器打到起泡、紧实细腻后，将锦玉羹一点一点慢慢倒入，搅拌打发成淡雪羹。

10 将步骤6所完成从蒸锅取出稍微散热后，先倒入薄薄一层羊羹，再倒入薄薄一层淡雪羹，用橡皮刮刀抹匀，重复此操作两次。

11 室温冷却凝固，再脱模切成喜欢的大小，完成。

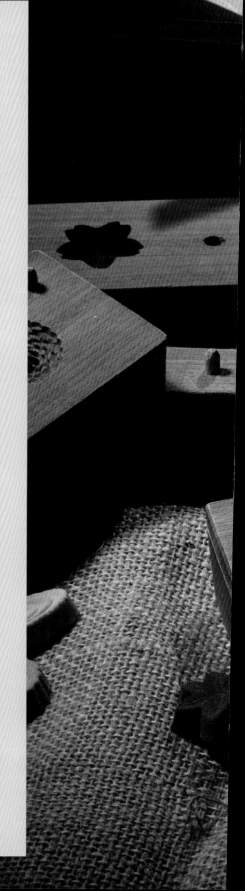

# 干 果 子 类

ひ　が　し　る　い

中国明代的"软落甘"干果子，

于室町时代经由贸易辗转传入日本，

因茶道的蓬勃发展而广布。

这是米制粉加砂糖糅合定型干燥的点心。

干果子种类众多，相对于生果子水分较少，

水分为20%~35%，

如落雁、云平、金平糖、甘纳豆、和三盆等；

水分超过20%的又称为"半生果子"，

如最中、州浜、石衣等，

都在干果子的范畴内。

干果子特有的木模工具，

是令人神往的职人工艺品，

然而能传承此工艺的人却有断层的危机，

因此激发了我想推广的念头，

经6年推广下来，总算小有成效，

希望这种技艺能延续下去，

让人间瑰宝代代相传。

らくがん
# 落雁

落雁有两种做法，

一种是先蒸熟已经干燥的米制粉，

然后加入水麦芽、砂糖，揉捻后入模，再脱模后干燥成型。

另一种是没蒸过的米制粉，同样加水麦芽、砂糖揉捻成型，再蒸过后干燥。

通常前者称为落雁，后者称为白雪糕，

这样的干果子常使用在茶会里的薄茶席或是作为佛事法会的供物，

因高贵的场合需求，

常会使用较高级的和三盆糖或是精制的黑砂糖来替代白砂糖。

### ❋ 材 料 ｜45个

| 和三盆糖 | 50克 | 粉红色食用色粉溶液 | 少许 |
| 上白糖 | 50克 | 寒梅粉 | 45克 |
| 白豆沙 | 4克 | 片栗粉 | 少许 |

### ❋ 主 要 工 具

筛网、钢盆、玻璃碗、毛刷、干果子木模、小擀面杖、深平盘、烘焙纸

### ❋ 做 法

1 将和三盆糖和上白糖过筛，放入钢盆里。

2 放入白豆沙和粉红色食用色粉溶液，用手充分搓揉均匀。

※粉红色食用色粉事先用少许的水溶解，成为粉红色色粉溶液。

3 倒入一半先过筛的寒梅粉充分揉捻，再倒入剩下的寒梅粉拌匀。

4 再过筛一次后，一把一把放入用片栗粉轻刷过的木模里压紧。

  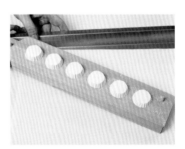

·赏味期·

四季皆可
依季节改变花色
常温保存**15**天

5 脱模时用小擀面杖轻敲木模四周，让干果子轻落在烘
焙纸上干燥，完成。
　※烘焙纸先铺在深平盘上。

难度 ★ ★ ★ ☆ ☆

寒冰外面爽脆里面柔软，给人不可思议的口感。

晶莹剔透像宝石般的颜色也令人神往。

依照季节可以做出各种花鸟植物的变化，

是很受欢迎的送礼自用两相宜和果子。

✿ **材 料**｜10～15个

| | |
|---|---|
| 水 ——— 80毫升 | ［白糖霜］ |
| 寒天丝 ——— 2克（或寒天粉1克） | 水 ——— 230毫升 |
| 细砂糖 ——— 200克 | 白砂糖 ——— 500克 |
| 白糖霜 ——— 75克 | |

粉红色食用色粉溶液 ——— 少许

调成黄色的新引粉 ——— 少许

✿ **主 要 工 具**｜

单柄锅、橡皮刮刀、毛刷、钢盆、擀面杖、塑胶纸、
模具（11.5厘米×13.5厘米）、花形压模、竹签

✿ **做 法**｜

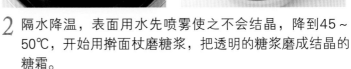

1 煮白糖霜。水和白砂糖倒入锅中加热搅拌至沸腾，继续熬煮，用毛刷蘸水刷锅的内壁，使之不要焦黑，一直熬煮成112～115℃的糖浆。

2 隔水降温，表面用水先喷雾使之不会结晶，降到45～50℃，开始用擀面杖磨糖浆，把透明的糖浆磨成结晶的糖霜。

 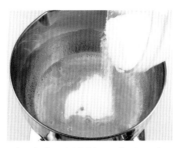 

3 煮锦玉羹。水和寒天丝倒入锅中加热搅拌至沸腾后加入细砂糖，一直熬煮至呈黏稠状，温度在105℃以上。

※寒天丝先用水泡一下浸软，再用水洗干净。

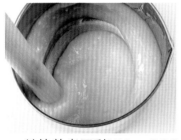 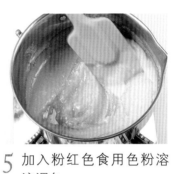

· 赏味期 ·
常温保存**2~4**周

4 继续熬煮至剩250~260克，隔水降温至50℃左右。再加入已隔水加热的白糖霜，用擀面杖磨锦玉羹，把透明的锦玉羹磨成纯白的寒冰。

5 加入粉红色食用色粉溶液调色。
※可以用各种颜色的食用色粉溶液调成各种颜色的寒冰。

6 慢慢倒入铺了塑胶纸的模具里。

7 室温凝固后放置一晚再脱模，用花形压模压出形状，或是滚刀切成不规则状。

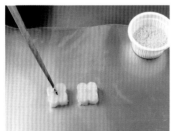 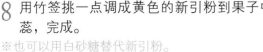

8 用竹签挑一点调成黄色的新引粉到果子中央，作为花蕊，完成。

※也可以用白砂糖替代新引粉。

3 将馅料先倒在湿棉布上分成小块散热，再揉成团。

4 分馅搓圆（1个8克），因冷却后会结晶，须趁温热搓成馅球。

※也可以做抹茶、甘薯、芝麻、南瓜等口味的内馅。

5 煮白糖霜。水和白砂糖倒入锅中加热搅拌至沸腾，继续熬煮，用毛刷蘸水刷锅的内壁，使之不要焦黑，一直熬煮成112～115℃的糖浆。

· 赏味期 ·

冷藏保存**10天**

6 隔水降温，表面用水先喷雾使之不会结晶，降到45～50℃时，开始用擀面杖磨糖浆，把透明的糖浆磨成结晶的糖霜。

7 将馅球放在已沾糖霜的木勺上，把温热的糖霜淋在馅球上当糖衣，再排列在烘焙纸上凝固降温，完成。

# 云平

うんぺい

云平若不是用来食用的话，也常常被应用在工艺和果子里，假如不要黄色系，就把蛋白换成水就行了；制作时要注意烤箱温度，烤温若太低就会膨胀不起来，若温度太高表面会着上烤色，如果烤温一下子高于140℃，和果子会爆裂，所以要小心把控烤温。

难度 ★★☆☆☆

## ❀ 材 料 | 15～20个

| | | |
|---|---|---|
| 糖粉 ——— 75克 | 绿色、红色、紫色、黄色食用色粉 | |
| 和三盆糖 ——— 25克 | 溶液 ——— 各少许 | |
| 寒梅粉 ——— 20克 | 片栗粉 ——— 5克 | |
| 蛋白 ——— 30克 | | |

## ❀ 主要工具

钢盆、筛网、橡皮刮刀、搅拌棒、毛刷、擀面杖、各式压模、网架

❀ **做 法**

1 将糖粉、和三盆糖、寒梅粉倒入钢盆里混合，一起用筛网过筛。

2 慢慢倒入蛋白，用橡皮刮刀搅拌均匀。

3 此时可取部分面团，加入少许食用色粉溶液调色做变化。

※各色食用色粉事先用少许的水溶解，成为各色色粉溶液。可依个人喜好增加其他不同颜色。

4 最后用手揉成团，表面撒片栗粉将面团用擀面杖擀平。

·赏味期·

常温保存**15**天

5 每种颜色面团用不同压模压出各式形状，用毛刷刷除片栗粉。

6 排列在网架上，放到烤箱，用100~120℃烤约30分钟，当表面膨胀起来即完成。

※烤箱要先预热至100℃。

Part

# 6

# 烧 果 子 类

や　き　が　し　る　い

受欧洲流传过来的洋果子影响，

日本明治时代和果子开始了洋风和果子的变异。

为了与洋果子有所区别，

才将传统的日式点心称为"和果子"。

烧果子依烧的方式不同而分类，

分成用平锅煎的和用烤箱烤的两类。

平锅类通常会用受热均匀的铜制火床来煎烧，

烤箱类若用石窑来烘烤风味更佳。

平锅类的烧果子代表当然就是铜锣烧了！

且不管是不是受小叮当卡通人物的影响，

日本人热爱铜锣烧是不争的事实。

关东的樱饼也是定番人气商品，

常与关西道明寺樱饼互争长短。

栗子馒头、蜂蜜蛋糕等则是烤箱类的代表，

是超市就买得到的日常甜点。

铜锣烧 <ruby>どらやき</ruby>

难度 ★★★☆☆

铜锣烧的外形，是根据打击乐器的铜锣而来的。

在日本有另一民间传说：

平安时期传奇武士武藏坊辨庆，

在负伤逃亡时被一户农家所救，

为了回报救命之恩，用军队里的铜锣加热，

将面糊倒在铜锣上烤成圆形的饼皮后包裹红豆馅，

以此馈赠农家，便成为现今的铜锣烧原型。

---

❀ **材 料** 15个

鸡蛋（约6个）————225克

白砂糖————225克

蜂蜜————15克

小苏打粉————4克

水————125毫升

低筋面粉————250克

奶油————适量

颗粒红豆馅————400克

❀ **主要工具**

钢盆、打蛋器、筛网、钢杯（盛水用）、电烤盘（或平底锅）、小棉布（擦电烤盘或平底锅用）、铜锣烧勺（直径8.5～9厘米）、木勺、拌馅棒、网架

❀ **做法**

**1** 将鸡蛋打入钢盆中用打蛋器均匀打散、过筛。

**2** 慢慢加入白砂糖搅拌均匀，再打发至泛白（不能打发过度）。

**3** 加入蜂蜜、小苏打粉（倒一点水先混合）、水（约75毫升）充分搅拌。

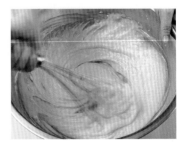

**4** 继续倒入先过筛好的低筋面粉快速拌匀。

5 用保鲜膜封好，常温下
静置20分钟。

6 再加入剩下的水，来延
展面糊。

7 将电烤盘加热至180～
200℃。

※可以洒一点水在电烤盘上测
温度，呈水珠状即可。

8 小棉布蘸些奶油，在电烤盘上均匀涂上薄薄一层。

 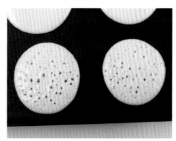

9 用铜锣烧勺舀起面糊倒
在电烤盘上，散开成直
径8厘米左右。

10 当饼皮开始冒小气泡时翻面，烘烤一下就拿起放在网
架上冷却。

· 赏味期 ·

四季皆可
送礼自用两相宜
冷藏保存**5**天

11 取两片一组的饼皮，在中间抹上颗粒红豆馅即可享
用。

※颗粒红豆馅做法请参见p.016。

# 樱饼

さくらもち（烧皮）

关西的樱饼是用道明寺粉来做，
而关东的则是用低筋面粉来制作，
做法虽然不同，
但是配以盐渍樱花，
风味一样可口。

❀ **材 料** ┃12个（皮约30克/个、内馅25克/个）

水 —— 340毫升
白玉粉 —— 18克
红色食用色粉溶液 —— 少许
上白糖 —— 36克
低筋面粉 —— 165克
上南粉 —— 10克
（可用糯米粉替代）
奶油 —— 适量
盐渍樱花叶 —— 12片
盐渍樱花 —— 12朵

[ 内馅 ]

种助（寒天类） —— 2.5克
水 —— 适量
红豆沙 —— 320克
精细砂糖 —— 25克
水麦芽（水饴） —— 25克
盐 —— 1克

❀ **主 要 工 具** ┃

钢盆、筛网、打蛋器、橡皮
刮刀、钢杯（盛水用）、玻
璃碗、拌馅棒、电烤盘（或
平底锅）、小棉布（擦电烤
盘或平底锅用）、铜锣烧勺
（直径8.5～9厘米）

## ✿ 内馅做法

1 将种助放入水中加热至沸腾。
2 加入红豆沙和精细砂糖，用橡皮刮刀持续搅拌熬煮。
3 快起锅前加入水麦芽和盐拌匀。
　※用力晃动锅，若没有出现波动，就可以起锅了。
4 倒入冷却盘或模具冷却备用。

## ✿ 做法

1 将水慢慢加入白玉粉中拌匀，不要有结块。

2 取白玉粉液的1/3量，加热熬煮成麻糬状态。

3 离火慢慢加入剩下的白玉粉液，拌匀后冷却。

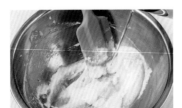  

4 再加入适量水调整柔软度，然后倒入红色食用色粉溶液调色。
　※红色食用色粉事先用少许的水溶解，成为红色色粉溶液。

266

5 上白糖、低筋面粉和上南粉混合后一起过筛加入步骤4所完成，加入适量水后用橡皮刮刀快速搅拌。

6 将电烤盘加热至180～200℃，小棉布蘸些奶油，在电烤盘上均匀涂上薄薄一层。

7 用铜锣烧勺舀面糊，在开着小火的电烤盘上倒出7厘米×12厘米的长椭圆形。

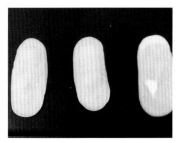 

8 表面不要上烤色，两面都要煎一下。

9 煎好的饼皮冷却后开始包馅，饼皮放在左手前方，右手用拌馅棒取内馅抹在饼皮上再卷起来。

· 赏味期 ·

3～4月
樱花盛开的季节
冷藏保存3天

10 每个重量控制在50～55克，然后再用盐渍樱花叶包起来，旁边点缀一朵盐渍樱花，完成。

# 芋金烧

いもきんつば

金烧（きんつば，Kintsuba）是源自江户中期京都的和果子，
汉语名称为"芋金锷"。
甘薯泥的制作分成加寒天粉凝固的方法，
以及没有加寒天直接利用甘薯的黏性定型的方法。
风味质朴的"芋金烧"是我个人取的名字，
因为叫"金锷"的话，感觉不像食物名称。

❀ **材 料** 10个

[ 甘薯羹 ]

| | |
|---|---|
| 甘薯 | 480克 |
| 白豆沙 | 160克 |
| 白砂糖 | 50克 |
| 盐 | 2克 |
| 水 | 50毫升 |

[ 面衣 ]

| | |
|---|---|
| 低筋面粉 | 70克 |
| 糯米粉 | 20克 |
| 水 | 100～130毫升 |
| 白豆沙 | 60克 |

❀ **主要工具**

蒸锅、筛网、钢盆、橡皮刮刀、棉布、片刀、木尺、模具（15厘米×15厘米）、砧板、钢杯（或量杯，盛水用）、打蛋器、电烤盘（或平底锅）、小棉布（擦电烤盘或平底锅用）、烘焙纸、剪刀

❋ **做 法**

1 甘薯洗净去皮切块，放入蒸锅里蒸15～20分钟，再用筛网过筛。

2 趁热放在棉布上揉捏成团，放入钢盆里再加入白豆沙、白砂糖、盐、水，用橡皮刮刀或手充分混合。

3 放进模具里，压紧实整平后，室温冷却定型。
※模具内事先垫上烘焙纸。

4 冷却后脱膜倒在砧板上，切成4.5厘米×2厘米的甘薯羊羹。

5 接着做面衣。低筋面粉、糯米粉先过筛，放入钢盆混合，把水一点一点加入，用打蛋器充分搅拌混合直到光泽出现。

6 最后加入白豆沙和剩余的水拌匀，常温下静置30分钟。

7 将电烤盘加热至180～200℃，小棉布蘸些奶油（分量外），在电烤盘上均匀涂上薄薄一层。

8 将已经切好的甘薯羊羹沾上面衣。

9 依序放电烤盘上煎上下、前后、左右六个面，泛白即可，不必上烤色。

10 煎好之后放凉，完成。
※可用剪刀略修整多出来的边角。

· 赏味期 ·
9月至翌年2月
冷藏保存**10**天

# 佛 果 子 类 欣 赏

ぶ　つ　が　し　る　い

佛果子是我自创的和果子名，
我的日本恩师羽鸟老师曾经对我说：
"Emily！我觉得你在做和果子这件事上，
好像一直有神在看护着……"
其实说唐和家*是佛祖养大的一点都不为过，
这10年来发生的许多奇迹，
不只感动了我，
也感动了所有看见我的努力的人。

*指作者创立十年的"唐和家和果子"网店。

大红莲 ◆ べにはす

紫磨金光 ◆ むらさききん

佛塔花

◆

ぶつとうか

大菊姫

◆

ひめぎく

**延伸介绍**

# 如何选择与和果子搭配的茶

享用和果子是极为幸福的事情，再佐一杯茶更能替和果子加分，两种味道中和，让和果子显得不那么甜，又去除了些茶的苦涩。下面推荐几款与和果子搭配的日本茶和中国茶，也介绍一下它们基本的冲泡方法。

## 日本茶 〈 不失败冲泡法 〉

### ◉ 麦茶

约500毫升的水，滚开后放入15克左右的麦茶，再稍微滚一下，5～8分钟，第二泡3～5分钟，可回冲3～5次，之后将火关闭，茶汤静置约30分钟。

建议搭配：
水羊羹、干果子

※ 如果要直接加入冰块或冷却后放在冰箱里冰镇，可把麦茶茶量增至20～25克。（约3天内喝完）

### ◉ 焙茶

先将茶壶和杯子温过，茶叶10～12克，再倒入100℃的热水，水量约250毫升。
第一泡30秒，第二泡1分钟，第三泡15分钟。

建议搭配：
烧果子

先将茶壶和杯子温过，茶叶 8 ～ 10 克，再倒入 80℃的热水，水量 250 ～ 300 毫升。

第一泡 50 秒，第二泡 5 ～ 10 秒，第三泡 5 ～ 15 秒。

**建议搭配：**
**干果子**

**煎茶**

※ 如果不耐煎茶的苦味，可以将水温再降低 5 ～ 10℃。

---

抹茶与和果子的关系是密不可分的，中国人对正统的抹茶却极为陌生，唯有在茶道教室学习，或是参加日本茶会才有机会喝到。

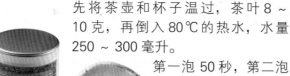

抹茶本身新鲜与否还与水质关联很大，水质关系着这壶茶的优劣成败。其实泡得好，抹茶真的一点也不苦，甚至还会回甘。

去掉茶道的繁文缛节，让我们在家也试试看把日本抹茶变好喝的秘诀吧！

**建议搭配：**
**练切果子**

**抹茶**

1

2

3

4

5

1 先将茶碗和茶筅温过。

2 抹茶要先过筛，依个人喜好用茶匙取两勺左右倒入茶碗中，再倒入 80℃的热水，水量 50 ～ 60 毫升。

3 倒入水后就用茶筅快速地前后来回刷茶，记得使用茶筅要用巧力，太用力把茶筅弄断在茶碗里，让人喝下去就不好了！

4 刷到表面起了绵密的泡沫，就完成了！

5 喝抹茶时要用双手捧起，分成三口半喝完，最后一口用力把泡沫吸入口中，最好发出"嘶"的一声，这是对泡茶的人说茶很好喝的意思。

## 中国茶 〈 新手冲泡法 〉

**清香茶**

清香茶并不是一种茶，而是指茶味较淡，但是香气清新的茶。茶汤颜色也很淡，大多呈现淡淡的琥珀色、金黄色、翠绿色，味道甘甜，即使没有喝茶习惯的人也能接受。

在台湾地区，常见的清香茶有文山包种、所有清香型的高山茶、金萱等。

建议搭配：
饼果子

**条索状**

**水温：** 90℃左右

**茶量：** 铺平盖住杯底约两层

**球状**

**水温：** 95℃左右

**茶量：** 铺平盖住杯底即可

**乌龙茶**

乌龙指的是茶的品种，乌龙茶的种类非常多，通常以产地和焙火程度区分。

在台湾地区，常见的乌龙茶有冻顶乌龙、杉林溪乌龙、阿里山乌龙、炭培乌龙。

乌龙通常为球状，唯一不同的是焙火程度。

建议搭配：
练切果子

**焙火**

茶叶颜色呈现淡红色或木炭色

**水温：** 98 ~ 100℃

**茶量：** 杯底铺平后再多一点点

**未焙火或轻焙**

茶叶颜色依然呈现青绿色或淡绿色

**水温：** 95℃

**茶量：** 杯底铺平

## 中国茶 〈冲泡法〉

中国茶种类繁多，因为喝茶口味偏好不同，水量和茶量也不会是绝对的比例。如果觉得淡，可以增加茶叶量或减少水量，觉得浓则反之，以茶叶能够完全泡开为基准。

温度会直接影响茶的好喝与否，比水质还重要。冲泡方式虽以盖杯做示范，若想改用茶壶或是马克杯来冲泡，温度和冲泡时间相同，但不要直接将热水对着茶叶或茶包冲，容易产生涩味。

1 放茶叶前先温过杯和杯盖。

2 放入茶叶。

3 热水注入盖杯时，不可直接打在茶叶上，要从杯口边缘注入，如果难以控制，可拿温过的茶海注入热水。

4 水量约八分满，以杯盖盖上后不会泡到热水为准。

5 第一泡时间 2 分钟（焙火茶冲泡 90 秒）。
   第二泡 2 分钟（焙火茶冲泡 90 秒）。
   第三泡 3 ~ 4 分钟（焙火茶 2 ~ 3 分钟，焙火茶可泡到第四泡 4 ~ 5 分钟）。

6 将杯盖微微放斜至让茶水能够顺利出来但茶叶不会倒出来的程度，用拇指和中指扣住盖杯两侧，食指压住盖子，将茶水倒入茶海或茶杯。

7 手小不好握或怕烫的人，刚开始时可以用右手拇指和其他手指握住盖杯两侧，左手贴住杯盖将茶水倒在茶海里。

# 风吕敷包裹方法

风吕敷（ふろしき，Furoshiki），据传是15世纪人们去"风吕"（澡堂）洗澡时，用来包裹换洗衣物的包袱布。日本江户时代因风吕普及，不论是收纳物品或包裹商品的包袱布，后来都通称为风吕敷；平安时代的"衣幞"、镰仓时代的"平包"，可以说是风吕敷的前身。尺寸、色彩、花样、材质等多样的正方形布巾，用途广泛，学会实用又美观的风吕敷包裹方法，以及多种打结步骤，不但符合环保要求，还能增添生活乐趣。

# 常用包 おつかい包み

最实用的包法，适用于各种方形礼盒。

※ 此风吕敷为边长 50 厘米正方形布巾。

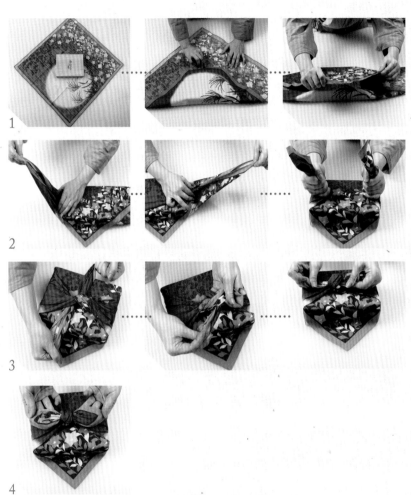

1 如图将礼盒置于布巾中央，拉起下方的角盖过礼盒，再拉上方的角盖过礼盒。

2 抓左边的角收好布边固定在中央，右边的角也同样操作，抓紧两边的角。

3 在中央打一个平结，调整好蝴蝶结的正面位置。

4 拉好蝴蝶结使左右对称，完成。

## 蝴蝶结包　ちょうちょう包み

这种包法难度颇高，将礼盒的棱角做出来是重点，所以过程中要收好布边。

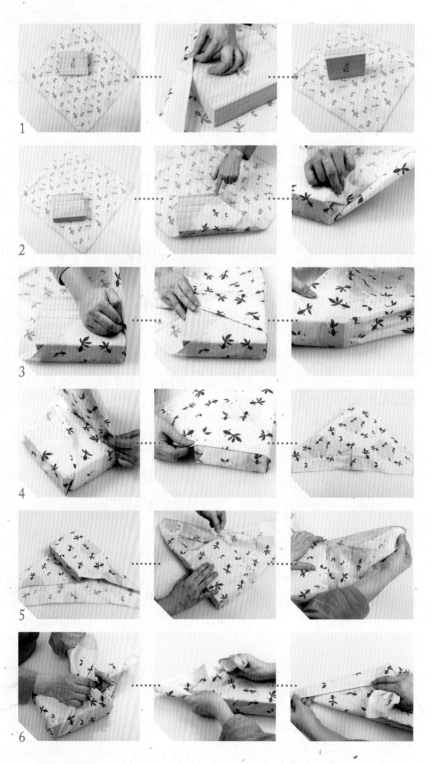

※ 此风吕敷为边长 50 厘米正方形布巾。

7

8

1 如图将礼盒置于偏左上边一半的位置，立起礼盒计算位置。

2 再将礼盒正面朝下计算位置，拉起下方的角，收起右边的布。

3 拉起右边的布盖过礼盒，固定好礼盒棱角。

4 拉起上面的布盖过礼盒，礼盒被包在中间，布看起来变成了三角形。

5 将三角形翻面，礼盒左上方的角的布包住礼盒，拉起右边角。

6 右边角固定好后拉左边的角，将布边收紧。

7 拉紧左右两边的角，绑一个平结。

8 拉紧后绑一个蝴蝶结，完成。

## 草莓包  いちごバッグ

运用两个环，就可以演变出一个自己专有的时尚布包，而且做法相当简单。

※ 此风吕敷为边长 120 厘米正方形布巾。

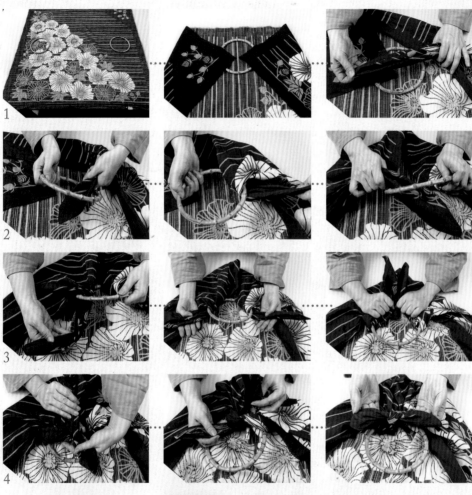

1 布反面朝上平放，环放左右两边中央。如图，先将右边的上下角拉近环的位置，一角取约 20 厘米长拉紧。

2 由上而下绕入环中往右拉，左边的角也同样抓 20 厘米长绕入环中。

3 绕入环中的布左右拉紧后往上拉。

4 往上拉的布打一个蝴蝶结。

5 另一个环也同样操作，双环靠近就完成一个包包了。

## 踏青包　おでかけバッグ

有些小东西如钱包、手机、化妆品等，出门时可用这款小包收纳。

※ 此风吕敷为边长 50 厘米正方形布巾。

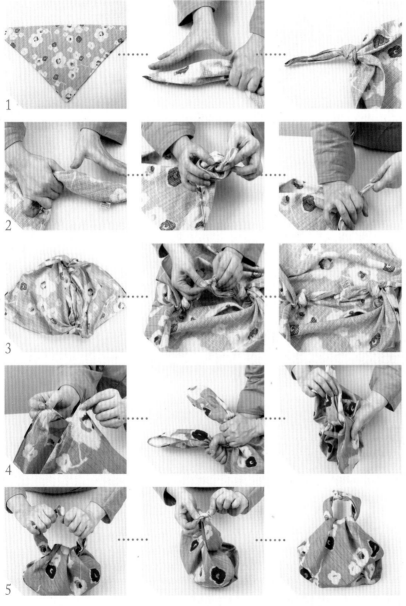

1 布巾如图对折，反面朝上变成倒三角形，将左边的角取10厘米左右长拉紧，打一个结。

2 再将右边的角也取10厘米左右长拉紧，打一个结。

3 将布摊开把左右的结转向中央，再互相打一个结。

4 拉起上下角的布打一个平结拉紧。

5 再拉紧两个角做一个环后再打一个死结，完成。

## 水滴包　しずくバッグ

临时需要一个背包时，一块布就可以轻易完成。

※ 此风吕敷为边长 90 厘米正方形布巾。

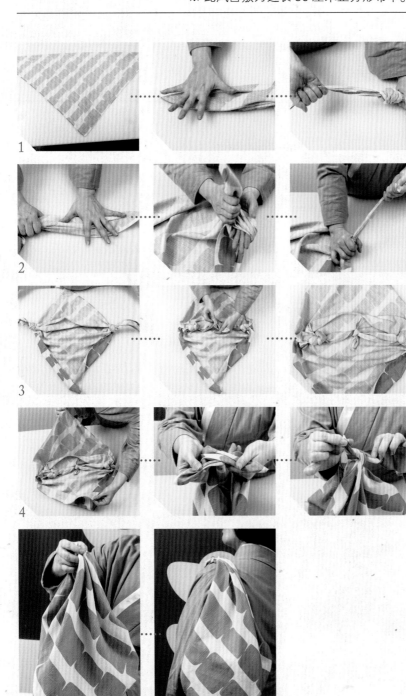

1 布巾如图对折，反面朝上变成倒三角形，将左边的角取 20 厘米左右长拉紧，打一个结。

2 再将右边的角也取 20 厘米左右长拉紧，打一个结。

3 将布摊开把左右的结转向中央，再互相打一个结。

4 拉起上下角的布打一个小的死结后拉紧。

5 拎起小结就呈现水滴形状，手从中间穿过，就可以当背包了。

## 羊角包　クロワッサンバッグ

用一块大一点的布演变成可以百搭洋装或牛仔裤的民族风布包。

※ 此风吕敷为边长 120 厘米正方形布巾。

1 布巾如图对折，正面朝上变成倒三角形，将左右两边的角各取 20 厘米左右长拉紧，打一个平结。

2 平结往下拉成一个环，上方打一个小死结固定好。

3 抓起左右两边的角包住中间的环后打一个死结固定。

4 将两个结位置对好重叠置于中央。

5 拉好中间的环的位置，整理整个布包的皱褶呈羊角状，完成。

## 图书在版编目（CIP）数据

和果子职人技艺全书 /吴蕙菁著；李东阳摄影.—郑州：河南科学技术出版社，2019.11

ISBN 978-7-5349-9532-3

Ⅰ.①和… Ⅱ.①吴… ②李… Ⅲ.①糕点-制作-日本 Ⅳ.①TS213.23

中国版本图书馆CIP数据核字（2019）第092046号

出版发行：河南科学技术出版社

地址：郑州市郑东新区祥盛街27号　　邮编：450016

电话：（0371）65737028　65788613

网址：www.hnstp.cn

策划编辑：李　洁

责任编辑：李　洁

责任校对：马晓灿

封面设计：张　伟

责任印制：张艳芳

印　　刷：河南瑞之光印刷股份有限公司

经　　销：全国新华书店

开　　本：787 mm×1 092 mm　1/16　　印张：18　　字数：330千字

版　　次：2019年11月第1版　2019年11月第1次印刷

定　　价：78.00元

如发现印、装质量问题，影响阅读，请与出版社联系并调换。